叶 舟◎著

不开口也能让人喜欢你

瞬间打动人心的65个形象法则

黑龙江教育出版社

图书在版编目（CIP）数据

不开口也能让人喜欢你：瞬间打动人心的65个形象法则／叶舟著. -- 哈尔滨：黑龙江教育出版社, 2017.9
（读美文库）
ISBN 978-7-5316-9616-2

Ⅰ.①不… Ⅱ.①叶… Ⅲ.①个人—形象—设计—通俗读物 Ⅳ.①B834.3-49

中国版本图书馆CIP数据核字（2017）第233036号

不开口也能让人喜欢你：瞬间打动人心的65个形象法则
Bukaikou Yeneng Rangren Xihuanni: Shunjian Dadongrenxin De 65 Ge Xingxiang Faze
叶　舟　著

责任编辑　徐永进
装帧设计　MM末末美书
责任校对　张铁男
出版发行　黑龙江教育出版社
（哈尔滨市南岗区花园街158号）
印　　刷　天津安泰印刷有限公司
开　　本　880毫米×1230毫米　1/32
印　　张　7
字　　数　140千
版　　次　2018年1月第1版
印　　次　2018年1月第1次印刷

书　　号　ISBN 978-7-5316-9616-2　　　定　　价　26.80元

黑龙江教育出版社网址：www.hljep.com.cn
如需订购图书，请与我社发行中心联系。联系电话：0451-82533097　82534665
如有印装质量问题，影响阅读，请与我公司联系调换。联系电话：010-64926437
如发现盗版图书，请向我社举报。举报电话：0451-82533087

前言：你的形象价值百万

生活中，有的人口若悬河，说起话来滔滔不绝，但这类人并不一定招人待见。有的人则只要他的形象一出现，只要他站在公众的面前，哪怕不开口讲一句话，人们也会为他的形象、气度、魅力所倾倒。人们常说不怒自威，说的就是一个人的外在形象和气势给人造成的影响。

一个成功的形象，展现给人们的是自信、尊严和实力。个人形象是昂贵的，有的时候它价值连城。一个成功的形象不仅仅反映在别人的视觉效果中，同时也能唤起你内在沉积的优良素质，通过你的衣着、沟通等让你表现出一个成功者的魅力。

如果你穿错了衣服、系错了领带，如果你头皮屑满天飞，如果你的指甲里沾满了泥垢……没有人会告诉你到底哪里出了问题，别人只会在心里给你下一个定义——这个人做事不严谨，拖拖拉拉，你在别人心目中的形象会一落千丈。

形象是你事业成功的助推器，成功的形象为你事业的成功起着催化促进的作用，而失败的形象则破坏或阻挡你事业的顺利发展。对于追求成功的人士来说，创立一个可信任、有竞争力、积极向上、有时代感的形象，可以使自己在群体中快速获取公众的信任，从而脱颖而出。

人无礼则不立，事无礼则不成。礼仪就像一面镜子，能够照出一个人的修养与才智。简约清新的妆容，端庄典雅的服饰，大方自然的仪态，优雅自信的言行，不仅给他人带来视觉上的美感，传达了个人对他人的尊重，也体现了个人的聪明智慧与职场专业水准，为你营造良好的人际交往圈。

现代社会随着人际交往的日益频繁，礼仪越来越引起人们的关注。礼仪修养已成为个人文明程度的标志，成为人与人之间沟通的桥梁，其力量和价值都是无可比拟的。礼仪涉及一个人的穿着打扮、举手投足，体现一个人的精神面貌，事关全局，如果一个人置文明礼貌于不顾，自以为是，我行我素，小到可能影响个人的自身形象，大到足以影响单位和国家民族的整体形象，一个不注重礼仪的人是很难立足于社会的。学习礼仪，运用礼仪是修身、处世、齐家、立业的根本。

无论你从事何种行业，无论你身居什么职位，也无论你是男人还是女人，无论你是年轻还是年老，你都必须重视礼仪。礼仪不仅是你成功的潜在资本，还是你一生的无价财富，它能够让你在复杂的人际关系中游刃有余、尽显风采，让你在成功路上事半功倍、胜券在握。

《不开口也能让人喜欢你》一书揭示形象、礼仪在人生中的巨大价值和重要作用，深入浅出地阐述了形象、礼仪的基本原理和法则，指出了提升自我形象、修炼优雅礼仪的基本途径和方法，从交际到生活、从求职到工作、从说话到办事、从推销到谈判、从庆典到宴会、从会议到辩论，等等，视野广阔，范围广泛，针对性强，实用性大。其旨意在于引领读者登堂入室，迈入形象、礼仪的最高殿堂，掌握成就卓越人生的两大法宝，提升你的个人形象，增强个人魅力，少走弯路，打破困难局面，提前进入成功之途。

好形象，好机遇；好礼仪，好人缘。形象卓尔不群，礼仪谦恭优雅，它们共同筑就我们的好前程。机遇总是垂青于勇于突破自我、提升自我、完善自我的不懈追求的人，谁拥有出色的形象、洒脱的礼仪，谁就掌握了打开成功之门的金钥匙，谁就拥有了成功的先机，谁就能与成功同行，成为社会竞争大舞台上最后的赢家！

目录
Contents

第一章 用好首因效应：让人第一眼就关注你

法则 1：抓住第一次会面，几秒钟引人注目 / 002
法则 2：优化个人形象，用形象赢得机会 / 004
法则 3：设计形象名片，用形象彰显实力 / 007
法则 4：想做成功者，先像成功者 / 010
法则 5：给形象投资，打造符合身份的形象 / 013
法则 6：塑造形象亲和力，让人主动靠近你 / 016

第二章 用得体服饰彰显自信：让人看到最好的你

法则 7：穿出影响力，服装是你另一张脸 / 022
法则 8：男士着装，纵横商场以品位制胜 / 025
法则 9：女士着装，刚柔并济尽显独特魅力 / 029
法则 10：重视便装穿着，休闲中展露优雅 / 032
法则 11：戴有品位的帽子，挥手间皆是礼仪 / 035
法则 12：穿有品质的鞋子，这一点至关重要 / 038
法则 13：精心选择配饰，让着装大方得体 / 042
法则 14：注重服饰保养，维护好自身形象 / 046
法则 15：了解色彩寓意，让着装更有内涵 / 049

第三章 用精致妆容吸引眼球：让人看到最美的你

法则 16：发型与脸型，重在相得益彰 / 054
法则 17：发型与身材，重在相互映衬 / 057
法则 18：深谙化妆的重要，重塑最美妆容 / 059
法则 19：注重面部清洁，让妆容魅力四射 / 062
法则 20：脸型与妆容，重在装饰和技巧 / 066
法则 21：妆容分场合，关注的目光自会多 / 069
法则 22：完美的鼻型，塑造完美的形象 / 071
法则 23：完美的唇型，塑造完美的形象 / 073
法则 24：唇部和双眉，男士化妆的重点 / 077
法则 25：眼型与眉型，重在互相衬托 / 079
法则 26：睫毛和眼影，重在相互晕染 / 083
法则 27：精选香水，为形象增色添香 / 086

第四章 用丰富表情传情达意：让无声语言深入人心

法则 28：微笑是世界上最受欢迎的语言 / 090
法则 29：用最生动的眼睛说出最动听的话 / 093
法则 30：合理控制视线，将意思完美传达 / 096
法则 31：眉目也多情，巧用眉毛表达情感 / 099
法则 32：用嘴型传递心情，展现阳光的你 / 103

第五章 用恰当举止展示自我：让周围人主动靠近你

法则 33：最完美的握手，顷刻间接近距离 / 108
法则 34：坐不失礼，在自信中体现优雅 / 111

法则 35：站不失仪，优雅中不失端庄 / 115
法则 36：走路从容，在沉稳中凝聚人气 / 118
法则 37：行为举止，恰到好处又彬彬有礼 / 120
法则 38：注意细节，别让小动作害了你 / 123
法则 39：注意必要的礼节，享受西宴要注意 / 125
法则 40：若即若离，保持交际的最佳距离 / 129
法则 41：文明小动作，绽放魅力大光辉 / 132

第六章 深谙“放电”之道：分秒间让异性走近你

法则 42：难逃以貌取人，放电有迹可寻 / 138
法则 43：培养强大的吸引力，让 Ta 想靠近 / 140
法则 44：坚守男女交往中“三 S”原则 / 142
法则 45：适当赞美关怀，击中对方的软肋 / 145
法则 46：女人适当“坏”，男人更加爱 / 147
法则 47：适时主动出击，更易赢得爱情 / 149
法则 48：喜欢就直说，吞吞吐吐会错过 / 153
法则 49：慧眼识真人，美好姻缘一念间 / 156

第七章 擅用社交软件语言：字里行间尽显无穷魅力

法则 50：撰写邮件，在沟通中有礼有节 / 160
法则 51：邮件往来，关键问题要注意 / 164
法则 52：来往信函，格式用语要规范 / 168
法则 53：微信、QQ 日常礼仪，必要细节要遵守 / 171
法则 54：微信、QQ 商务礼仪，必备环节要掌握 / 174

第八章 不自卑不畏惧：所有人都渴望与你零距离

法则 55：超越了自卑，别人更愿接近你 / 178
法则 56：乐观面对失败，别人对你刮目相看 / 181
法则 57：建立十足自信，别人更加重视你 / 183
法则 58：克服惰性羞怯，别人更愿意靠近 / 186
法则 59：做事不紧张，别人感到更轻松 / 189
法则 60：养好你的精气神，别人自会靠拢 / 192

第九章 不断地完善自己：用修养赢得一生好人缘

法则 61：神形兼备，打造自己的最佳形象 / 198
法则 62：培养迷人的个性，让人为之倾倒 / 200
法则 63：建立自信心，吸引更多的人走近 / 203
法则 64：重视品格修养，想不让人靠近都难 / 206
法则 65：为人着想的心，打造超强气场 / 209

后　记：改变，成为不可能的自己

第一章

用好首因效应：

让人第一眼就关注你

人们常凭第一印象，来评估此人的学识和行为。错误的第一印象往往会否定一个人的价值。因此，聪明的人十分注意自己留给他人的第一印象到底如何。因为，如果你给他人留下的第一印象不那么理想，此后，哪怕你付出十倍的努力，也收效甚微，甚至根本改变不了已经留给他人的第一印象。因此，第一印象十分重要！

法则 1：抓住第一次会面，几秒钟引人注目

人与人的交流与沟通都是从第一次见面开始。无论商场、职场，还是情场，你和对方的第一次会面就会决定你们是否有继续交往下去的可能。因此，抓住第一次会面的机会，尤为重要。

那些成功人士，无数男人女人，不仅吸引无数人的目光，也令无数人羡慕。岁月的流逝并没有在他们的身上留下太多的痕迹，反而越有魅力。是什么给了他们恒久的魅力？是自信！而这种自信的产生，很大一部分来源于他们得体的服饰装扮，来源于他们彰显于外的有品味的形象内涵。

你知道吗？你只有几秒钟的时间给别人留下自己的第一印象。

有人会说："这不公平，他们应该努力认识真实的自我。"这也许不公平，但这就是世界的规则。在竞争激烈的现代社会，人们没有时间去慢慢认识你，只能在有效的时间内迅速地作出判断，而且，一旦得出第一印象就不愿意轻易地改变他们的看法。

你也许会说真正重要的是你这个人的内涵，但谁会愿意花大量时间去了解一个人呢？正如一件商品，生产者认为真正重要的

是产品的内在，但如果没有人愿意费心去打开外面的包装，又有谁能看到里面产品的价值呢？任何从事过包装设计的人都知道这一点。

人类是视觉动物，这也是为何包装设计总是比产品设计重要得多的原因。

我们可能都有过这样的经历，当有新朋友介绍给你，甚至面对迎面走来的陌生人，在内心里不自觉地会马上作出一个喜不喜欢这个人或对他有没有好感的判断，这个判断直接影响你对这个人的看法和以后你们的交往。

而传说中的“一见钟情”实际上就是来自第一印象的极度好感。

首因效应又叫“最初效应”，也即日常所说的“第一印象”。心理学的解释是：它是社会知觉中的一种主观倾向，指“第一次交往过程中形成的印象对双方以后交往关系的影响”。人们初次相遇，总要首先观察对方的衣着、相貌、举止以及其他可察觉到的动作反应，然后根据观察到的印象对对方作出一个初步的评价。虽然第一印象是在很短的时间内根据有限的、表面的观察资料所得出来的，但由于它的新异性和鲜明的情绪色彩，却能在人的脑海中留下深刻的烙印。

有一位心理学家曾做过一个实验：把被试者分为两组，同看一张照片。对甲组说，这是一位屡教不改的罪犯。对乙组说，这是位著名的科学家。看完后让被试者根据这个人的外貌来分析其性格特征。结果甲组说：深陷的眼睛藏着险恶，高耸的额头表明了他死不改悔的决心。乙组说：深沉的目光表明他思想深邃，高耸的额头表明了科学家探索的意志。

这个实验表明第一印象形成的肯定的心理定势，会使人在后继了解中多偏向于发掘对方具有美好意义的品质。若第一印象形成的是否定的心理定势，则会使人在后继了解中多偏向于揭露对象令人厌恶的部分。

所以我们要重视在陌生人面前的第一次亮相：从仪表服饰、态度表情到第一句话，都做精心的设计和妥贴的安排。以求赢得对方好感。著名记者萧乾对此颇有体会，他说："做记者要适当注意仪表，要衣着整齐。我这个人一向邋遢，记者生活强迫我克服了这个毛病。在旧社会做记者，不管家里多穷，出门也要西服笔挺，否则人家看不起你。新社会当然不存在这种事了。但假如你搞得很脏，在被采访者面前又是抠鼻子又是掏耳朵，就会使人感到不愉快，不乐于同你谈话。"

第一印象最深刻、也最顽固。一旦留下了不好的第一印象，是十分不幸的。因此，要想交往持续下去，就要争取在几秒钟内引人注目。想引人注目，首要一点就是个人形象和气质。

法则 2：优化个人形象，用形象赢得机会

形象就个人来说，它标志着一个人的修养和素质。个人形象

不仅是个人行为，它直接与企业的形象息息相关，乃至关系到国家的形象和声誉。反过来，也就直接关系到个人的前程和命运。

有专家指出，形象是当今社会的核心概念之一。形象可以影响职业，形象可以影响婚姻，形象可以影响人际关系，形象可以影响人的一生——形象可以决定发展，形象直接涉及效益，形象的好坏可以决定财富的多少……

在这个形象导向和形象竞争的时代里，形象既是你个人能力的广告，也是你的品位标志。在商场如战场的现代社会中，如何通过整体的形象规划，突显自己的独特魅力，并借此创造成功契机，提升自身价值，已经成为现代人们所关心的焦点。

无论是作为领导还是向上进取的人，形象确实能决定别人对你的态度，对本身的发展也可起到推动或阻碍作用。

专家指出，假如一个人在30岁之前，仍然没有形成独特的个人形象，前途一般不会太好，至少是不成熟的表现。因此，要经营好自己的人生，一定要根据自己职业的性质和特点，塑造一个完美的个人形象。

一个人能否为别人所接纳，是否具有人格魅力，关键在于他在别人心目中的形象如何。个人形象的好坏直接影响到与他人的关系的性质、程度，为了广泛建立良好的人际关系，展示自己的人格魅力，我们要优化社会交往中的个人形象。

第一，精神饱满，神情自然。在社会交往中始终保持旺盛的精力、饱满的热情，大方自然的神情，是优化个人形象的首要因素。与人交往，神采奕奕，精力充沛，显得富有自信，就能激发对方的交往热情，活跃交往气氛。在社会交往中始终要以极大的热情关注对方，对他所感兴趣的东西感兴趣，并随对方的言谈举止做出自然得体的反应。也就是要别人喜欢自己，自己要先喜欢别人，要吸引对方的注意，先要注意对方。

第二，仪表整洁，衣着得体。根据人际吸引的原则，一个人风度翩翩，俊逸潇洒，能产生使人乐于交往的魅力。不修边幅、肮脏、邋遢的人是不会吸引他人太多注意的。

英国哲人约翰·洛克所说："礼仪的目的与作用使得本来的顽梗变柔顺，使人们的气质变温和，使他敬重别人，和别人合得来。"衣着服饰能反映一个人的审美情趣和修养，如果一个人的服饰能与自己的气质、职业一致，与自己的形体、年龄协调，与当时的气氛和场合相符，那将使得他显得更潇洒精神，更讨人喜欢。

第三，谈吐幽默，言语高雅。谈吐能直接反映出一个人是博学多识还是孤陋寡闻，是接受过良好教育还是浅薄无知。一个不善言谈、沉默寡言的人很难引起他人注意。在社交中能侃侃而谈，用词高雅恰当，言之有物，对问题见解深刻，反应敏捷，应答自如，能够简洁、准确、鲜明、生动地表达自己的思想与情感，就表现出其不同凡响的气质和风度。

第四，举止大方。朴素大方，温文尔雅的行为习惯，举止稳重，文明得体，坐、立、行的姿态正确雅观，能正确地表现出一个人的良好的教养，给人留下成熟信赖之感。粗俗不雅的举动则令人生厌。分寸得当的交往距离使彼此心理上都感到舒适坦然，过度亲热和冷淡则容易引起对方误会。一个人的行为举止能够做到自然、洒脱、不拘不束，除了与其社交经验的多少有关之外，主要以其自信心为基础。只有对自己充满信心，相信自己和自己能力的人，才能在社交中做到自然大方，挥洒自如。一个人的潇洒举止还来自其平时的修养，该行则行，该止则止，该坐而坐，该说而说，做事稳重而有份量，待人热情而又有分寸，礼貌而又不拘小节。

优化个人形象，严格说来，是一种非规范、非格式的社交艺术，它需要我们每个人认真去揣摩和体会，不断地总结经验，形成自己独特的风格和魅力。

法则3：设计形象名片，用形象彰显实力

形象已成为当今社会的核心概念之一，人们对形象的依赖已经成为了一种生存状态。在人际交往中，一个人的外在形象、精神面貌、身体姿态和行为方式会在别人心目中形成相应的印象，而且人们的印象往往是先入为主的。

《你的形象价值百万》的作者，著名形象设计师英格丽·张认为，形象并不是一个简单的穿衣、外表、长相、发型、化妆的

组合概念，而是一个综合的全面素质，一个外表与内在结合的，在流动中留下的印象。可见形象并不是简单的漂亮的脸蛋儿、窈窕的身材、迷人的微笑或潇洒的举止。而是包括你在自我思想、追求抱负、个人价值和人生观等方面，与社会进行沟通并为之接受的方法等。

形象通常分为外在形象和内在形象两种。外在形象是相貌、衣着等这样一些外在特征。它是人们根据自己的职业和地位等社会特征来进行开发、定位，然后展现给别人看的。出席一个重要会议该穿什么颜色的衣服？搭配哪种衬衣和领带？还有裤子和鞋子的搭配是否协调？喷洒哪种牌子的香水？你是否对上面的这些生活细节不屑一顾？如果是这样，你就错了。你应该意识到，外在形象在一个人的人生旅途中扮演着不可忽视的角色。

内在形象是不能仅靠看一眼外表就能让人认识到的，它是一种精神表现。我们来想象一下从未见过面的历史人物的形象。譬如，一提到天才音乐家你马上就想到贝多芬，而贝多芬的相貌特征、衣着打扮你并不知道。内在形象就是那些天才的或超群的特征部分会转变成记忆留在别人的脑海中，这些特征是与拥有它们的人紧密联系给人留下深刻印象，这就是内在形象。

美国一位高级礼仪顾问威廉·索尔比说：当你走进一个房间，即使房间里没人认识你，或者只是跟你有一面之缘，他们却可以从你的外表对你作出以下几个方面的推断：经济水平、受教育程度、可信任程度、社会地位、个人品行、成熟度、家庭教养情况、是否是成功人士。

其实，这里既涵盖了外在形象的概念，也包括内在形象的判断。

良好的形象不仅能够提升个人品牌价值，而且还能提高自己的信心。形象的影响无所不在，对于面试的人，它影响着你是否能面试成功，赢得职位；对于同事它影响着你们是否合作愉快；对于客户，它影响着你的财路是否畅通。正因为如此，你才要塑造好自己的形象。

良好的形象决不仅仅在于外包装，它是每个人言谈、表情、动作、语音、气质、风度、品位等综合因素的体现，只有平时注重自身知识积累、能力积蓄、修养提高、着装得体、谈吐文雅，才能做到卓尔不群。

每个人都有着不同程度的潜在魅力，每个人都是一个有待开发的魅力宝库。每个人都可以塑造出光彩照人的形象。个人形象就是名片，就是品牌，就是机会。

当你穿得邋邋遢遢时，人们注意的是你的衣服；当你穿得无懈可击时，人们注意的是你。

一个人如果希望得到别人的关注、欣赏和认可，就要学会塑造自己的形象。良好的外在形象不仅带给人自信，更带给人机会。莎士比亚早就说过："外表显示一个人的内涵。"人们总是欣赏那些看上去优雅、大方、有风度的人，这种形象给人有能力、可信赖、高素质的印象，这也是人人努力追求的印象。

毫无疑问，好的形象具有一定的威慑力。你应时刻意识到，确实有一些形象在不时地威慑着你，并且，你也希望用自己的形象去威慑他人。

一位心理学家说过：“当你在别人的地盘时千万小心行事，否则，你将在众目睽睽之下丢人现眼。”这里没有提到，要是在你自己的地盘又怎么样呢？绝大部分时间，这才是你遇到的问题，这时你应当利用地利的优势。一旦别人涉足了你从事的领域，你是这方面的专家，而他不是。无论你从事什么工作，你都必须记住：对于你的工作，你远比来找你的人懂得多。所以，你就应充满自信，有把握地主动出击。这样，如果你愿意，你现在就可威慑别人了。

还有不少人运用精心谋划的威慑技巧威慑人，比如所谓的大亨把他办公室的家具摆放得让来人只能坐在一个较低的位子上，尴尬地仰着头看他，从而造成一种威慑的阵式。或大亨把办公桌放在窗前，迫使来访者面对阳光或其他强光源。

法则4：想做成功者，先像成功者

有些人身上好像具有一块磁石总是能深深地吸引追随者，激发起人们的狂热情感，驱使着人们按着他们指引的方向行动。这种巨大的、感召力总是让人捉摸不透，似乎是天赐之物。其实这就是一种气质，一种成功者的气质。

2001年5月，耶鲁大学学生选中了希拉里做他们班级的发言人。她激励毕业生们，“要敢于竞争”“勇于关心”。大多数学生把她视为行动的楷模。2001届毕业生格兰特·查文说：“15年之后，我仍会记得希拉里·克林顿在我毕业典礼上的讲话，而不会记得那些所谓的桂冠诗人之类的角色。”希拉里·克林顿为什么会受到学生们的欢迎，就因为她具有了成功的气质。这种气质像磁石一样深深地吸引着这群追随者。

有人说，希拉里·克林顿毫不逊于她名震四方的丈夫比尔·克林顿。她一上任纽约的参议员，就一改贤妻良母的形象，穿上了富有个性的时装。在参议院，她时而在民主党领袖汤姆·达施勒的麾下奔走，时而去会晤共和党人约翰·沃纳和迈克·德怀恩，游说他们支持她的全国教师招募议案。如果没有那一头动人的金色短发，人们定会淡忘她的性别。

民主党的肯尼迪参议员对希拉里的评价是，“她以一个经验丰富、学识渊博的政治领导人的面目出现在参议院，她有自己的观点，工作努力，善于倾听别人的意见，赢得了所有人，包括过道那一边的人(即共和党人)的尊敬。有些人曾等着看她的笑话，可最终他们打消了这个念头。他们喜欢上她了。”

一位参议员的助手说：“她总是在含笑点头。看到她的微笑，会使人们觉得，当有人大骂她的丈夫克林顿时，她也会和那人拥抱。”这就是一种成功者的气质，希拉里凭借着这种独特的气质，赢得了所有人的敬佩。

一个人只要具有了成功者的气质，他就已经成功了一半。你不见某些人，无论他的职位如何，不管他站在哪里，他总是能吸引一群人围绕在他的周围，不管他的头衔是什么，总是不由得令人肃然起敬，渴望结交、认识他们。为什么会这样呢？就是因为他们具有了能够鹤立鸡群的特质——成功者的气质。

有些人可能会说：“在我获得了所追求的事业成功之后，我就必然有了成功的形象!”但很遗憾，生活中的事并非如此，你必须在取得你所期望的成功之前，塑造你成功的自我形象，培养你良好的气质。

好莱坞最成功的演员肯克莱屋说：“明星是被塑造出来的，不是自然天生的。”无论一个什么样的成功者，演员、体育明星、学者、领导、乃至美国总统，他们所具有的成功者气质，无不是靠自己的意愿努力塑造出来的。

据说美国总统竞选，都要请专家为自己精心设计形象，搭配衣着、领带，设计发型、整饰面容，为的是给选民留下精神焕发、可以信赖的强烈印象。

英国前首相撒切尔夫人为了给人留下值得信任的印象，向“形象专家”请教，改变原来在英国政坛初露头角时，又细又尖、毫无动人的声音。开始以雄浑有力的音色在国会“舌战群儒”，成为有“铁娘子”之称的女首相。

为了让自己也具有成功者的气质，我们不妨听听人际专家的建议：

1. 必须要有强烈的动机，必须对魅力有强烈的渴望。

2. 必须循序渐进，从外表开始着手。虽然说不应以貌取人，但无可否认，外表有时可以左右别人对我们的看法。

3. 学会放松，自由抒发情绪。拥有一颗开放真诚的心，会让别人更容易接近自己。

4. 多聆听观察别人。在人多的场合，随时注意别人谈话时的声音与表情。你不妨想象自己是大侦探福尔摩斯在办案，仔细地研究别人的一举一动，可增加自己对他人情绪敏锐度的掌握。

5. 尝试角色，体验生活。很多魅力人物，都是生活经验丰富的人，生活帮助他们培养出开阔的眼界。以罗斯福总统为例，除了当总统以外，年轻的时候他还曾经当过牛仔、士兵、警察局长、律师、作家、新闻记者。

法则 5：给形象投资，打造符合身份的形象

形象是生意成功的一个重要的助推器。成功的外表形象为你生意的成功起着推波助澜的作用，失败的外表形象也可以破坏或阻挡事业的顺利发展。

在这个形象制胜的年代，打造符合身份特点的形象尤其重

要。事业的成功多取决于成功的社交，成功的社交多取决于给人留下的良好形象。一旦你的外表、你的穿着打扮给人留下深刻而良好的印象，许多可以合作的契机就会自然而然地产生。否则，不良形象将成为你生意路上的绊脚石。因此，塑造良好的个人形象十分重要且必要。

形象对个体的凝聚力而言，主要表现为其吸引他人关注、信任、支持的程度。

英国的维珍集团总裁布兰森就把这招用到了极致：布兰森个人那种高扬个性、爱出风头的个人形象使他和他的企业在相对比较保守的欧洲文化中相当的耀眼和突出。更为重要的是，布兰森的这种定位恰恰迎合了欧洲人需要适当张扬的个性，适当改变旧有古老文化传统的内在心理愿望和需求，如果不是这样，布兰森和维珍集团那如此杂乱的多元化经营必定难以制造出如此惊人的成功。

形象制胜观念不仅是时代内涵的体现，而且也是人类未来价值取向的导向和前瞻。这种观念一旦形成、确立，就会转化为一种巨大的力量，即一种推荐力、吸引力和感召力。它能帮助个体在社会竞争中更加充分地实现自身价值。

科学研究的结果表明，个人感受到的对方仪表的魅力同希望再次与之见面的相关系数远远高于个性、兴趣等同等的相关系数。

在商务应酬中，人的外表形象往往会起潜移默化的微妙作用。总的来说，塑造良好的个人形象应做到以下几方面。

1. 保持仪表整洁

干净、整洁是个人礼仪的最基本要求。要求仪表仪容干净、整洁，就要做到并保持无异味、无异物。这里包括面容、头发、脖颈与耳朵、手、服饰等方面的整洁。面容看上去应当润泽光洁；耳朵、脖子应当干干净净。一个有教养的人，绝不会是那种不修边幅、蓬头垢面的人。注意不要让你的上衣和肩背上落有头皮屑和掉落的头发，因为那样就会给人一种不整洁的感觉。在人的仪表中，手占有重要的位置。一般来说，男性不宜留长指甲，女性如果留长指甲，一定要修剪整齐，并保持洁净。

2. 注意重要的细节

口腔卫生也是个人仪表仪容整洁的重要内容之一，主要应注意口中有无异味。与人交谈时，如口中散发出难闻的气味，便会使对方很不愉快，自己也很难堪。如果吃了味道强烈的食物，可在口内嚼一点茶叶、红枣或花生，必要时可以用嚼口香糖的办法来减少口腔异味。但要注意，在商务应酬中，在别人面前大嚼口香糖是不礼貌的行为。

身体异味也是令人极为反感的。经常洗澡，勤换内衣，可以减小或防止身体异味。

服饰穿戴在任何情况下都应保持干净整齐。此外，对鞋袜要像对衣服一样重视，皮鞋应保持鞋面光亮。“三分衣服七分鞋”，可见鞋的整洁在仪表中的重要性。

3. 做到简约、大方

要求仪表仪容简约，就是在整理、修饰仪表仪容时，要力求简练、明快、方便、朴素。要求端庄大方，就是要求端庄、斯文、雅气，而不花哨、轻浮、小气。

修剪头发时，对于男性来讲，应当求短忌长；对于女性来讲，则不提倡留披肩发。偏爱披肩发者，在工作岗位上有必要将它暂时盘束起来。如果染发，颜色宜与本身发色相近。

修剪指甲，总的要求是忌长。除了必要的指甲保养，不宜做过于张扬的彩绘。

切记“修饰避人”的原则。在进行仪表仪容修饰、整理时，务必要自觉回避他人，以示对己对人的尊重。女士需补妆时，应到洗手间内进行。

男士不化妆，以修面、理发为主，但也可少量用护肤霜、香水等；女士要以淡妆为主，达到容貌端庄自然、健康的效果。

根据着装、自身特点、场合需要，选择佩戴饰品。佩戴饰品时应符合佩戴要求，以点缀为主。

法则 6：塑造形象亲和力，让人主动靠近你

每个人都是独一无二的，但同时也并非每个人都能让所有人都喜欢。人有好恶，每个人的志趣、学识、修养等不同，决定了

什么样的人步入什么样的圈子。每个人都有可能面对不喜欢自己的人。在这种情况下，如何接近彼此的距离呢？你可藉共同爱好产生亲近感。

假如有人使你比较厌烦，而你又不得不与他往来，尤其是天天见面的同事。或是常有机会接触的人，你该怎么办，怎样才能维持你们之间较为正常的关系呢？

为消除你对对方的厌恶感，最好的办法就是多了解对方，发掘彼此的共同点。然而，一般情况下，消极的人碰到这种情况，总是采取逃避的方式，尽量不和对方接触，自己封死了人际关系的通道。

如何将与自己对立的人变成好朋友？这里有一个非常有名的例子：美国《独立宣言》的起草者之一富兰克林在政府机关担任书记时，一位州议员专门找他的麻烦，有事没事便打官腔。他很想改变对方的敌对态度。当得知这位州议员是个藏书家，富兰克林便经常借看书之名与他接近。经过一段时间的相处，双方成了最好的朋友。

如果你不喜欢某个人，请先了解一下他各方面的爱好，假使有与自己相通之处，就会产生亲近感。下次见面时，不妨以共同爱好作开场白，相信会拉近彼此间的距离。

美国哈佛大学研究中心的所罗门教授，曾利用心理学上的实验，改善原来难以融洽相处的学生关系。他故意把两个感情不好的学生分为一组，然后告诉其中一个学生，不要理会对方讨厌之处，尽量表现出亲切的态度。结果，另外一个学生因为对方对自己非常亲切，也就慢慢地改变态度和对方交往。据说，这种做法的成功率高达70%～85%。

为消除对立者心中的鸿沟，利用感情使对方和自己处在同一环境中，对方自然而然会产生同伴意识。也就是说，你必须经常站在对方的立场，为他人着想。即使具有说服力的政治家的演讲也不例外，他们在潜意识中也常使用这种方法。原本很难和睦相处的婆媳，儿媳只是说一句“教我做菜吧!”竟不可思议地使感情转好，这全是因为双方已经站到相同的立场上造成的。

美国有本科幻小说，主要情节为美、苏两国大战方酣，双方正准备按核弹发射钮，此时传来火星人攻击地球的消息，美、苏两国立即停战，共同组成地球联合军，对付火星人。

人人都有“求同心理”，设法和对方取得一致，即能成为伙伴。在双方竞争厉害的时候，“求同心理”不会显现出来。而一旦出现了双方共同的敌人，“求同心理便会起主导作用。在企业中，两个公司为了竞争，反目成仇。若消费者发动抵制他们货物的运动，这两个公司必然会团结一致，共度难关。

将这种心理反作用于不协助自己或反对自己的人，十分有效。某公司有个不愿与他的上司合作的职员，如果上司对他说：“你这种态度对我们双方都不利，再这样下去，可能你我二人都会被调到边远的地方去。”利用这种“求同心理”，不满分子也不得不很好地合作。

对仇视你的人，也可利用此法。你可假设一个共同的敌人，对方就可能愿意接近你。在生活中也经常出现这种情况，尽管兄弟之间、夫妻之间打得不可开交，如果此时突然出现一个共同的敌对目标，争执立刻就会结束，转而共同御外。

人生在世，我们可能无法做到让任何人都喜欢，但至少可以做到让更少的人厌烦。我们无法左右别人，但可以完善自我。任何时候，人们都不会拒绝一个极具亲和力的人。

第二章

用得体服饰彰显自信：

让人看到最好的你

好形象就是你的宝贵资源，它令你商场如虎添翼，在人群中凸显出高贵的自我。你的形象可以决定将来的发展，也可以为你创造无穷的效益。因此，你要倾力打造符合自己身份的良好形象。人靠衣装马靠鞍，尤其是在这个看重颜值的时代，得体的服饰就显得尤为重要。

法则 7：穿出影响力，服装是你另一张脸

常言道“人靠衣装马靠鞍”，人的着装就是其另一张脸，直接影响到别人对你的第一印象。也许你还不知道，你只有几秒钟的时间给别人留下自己的第一印象。你会认为这不公平，你想别人应该认识真实的你。这也许不公平，但却是不可改变的事实。

据西方学者雅伯特·马伯蓝比教授研究出的“7/38/55”定律，旁人对你的观感，只有7%取决于你谈话的真正内容；而有38%在于辅助表达这些话的方法，也就是口气、手势等；却有高达55%决定于你的外表，可见外表是多么的重要。

1962年，在英国伦敦一个著名贵族举办的豪华宴会上，一名中年男子出尽了风头，他优雅的举止、迷人的言谈，不但令在场的所有女士都对他倾心，而且所有男士也都对他抱着极大的兴趣和好感。人们私下里纷纷相互打听，都想认识他，并和他成为朋友，而那位男子在这次宴会上也收获颇丰，不仅签下了40多单生意，还找到了他的终身伴侣。

这名男子就是英国著名的房地产新秀柯马·伊鲁斯。

他凭借自己优秀的形象，征服了整个伦敦的上流社会，随后，金钱和好运向他滚滚涌来。

其实在12年前，柯马·伊鲁斯就来过伦敦，并出席了一个由商会举办的小型聚会。

那时的柯马·伊鲁斯还是个小人物，开了一家小水泥厂，整天勤奋地忙来忙去，根本无暇顾及自己的形象。为了扩大生意，他千方百计弄到了一张商行聚会的邀请信，想混进去多结交一些人，拓展自己的人际关系。

可一进入聚会大厅，他就立即知道自己走错了地方。大厅装饰得金碧辉煌，男士们个个西装革履、彬彬有礼，女士们个个华衣锦服、温文尔雅。柯马·伊鲁斯低头看看自己，一身满是补丁且有着厚厚油腻的工作服，大胶鞋，乱发，简直像个乞丐。这时几位女士过来了，故意将酒洒在他身上，并趾高气扬地给他小费。侍从过来询问他，他讲明自己的身份，可是没人相信，而他拉一个认识他的人作证时，那个人不承认认识他，而说他是路边的鞋匠，于是他被当成混进来的鞋匠给赶了出来。

怒火过去之后，柯马·伊鲁斯开始考虑自己为什么会受到这种待遇。自然，凭他的头脑，一下子就想明白了。回到家乡后，他做的第一件事就是参加了一个礼仪培训班，并高薪聘请了私人形象顾问。

不要成天只知道忙于工作，而忽视了自身良好形象的培养。因为良好的形象可以在生意上助你一臂之力，使你的辛苦付出结出丰硕的果实。

为了给人最好的状态，请随时注意你的着装，打造好自己的第二张脸。

如果你不注意自己的形象，不仅你的生意有可能毁于你的形象，你的爱情也有可能毁于你的形象。这绝非危言耸听！

此外，一个人的个人形象会影响到别人对他的看法，这在商务交际中非常重要。

怎样保持良好的个人形象呢？

显然你不能对流行时尚一无所知，也不能过分追赶潮流而在外表上失去你的专业信誉。有六个细节是值得注意的。

1. 高保湿的发式

带有浓厚保湿效果的头发，给人以清新、有活力的感觉。

2. 简洁而洗练的领口

能体现你的效率与创新精神的领口，常常是简单的半立领式，领子呈不对称的半开放式设计。

3. 唇膏的颜色

深玫瑰紫、洋粉红和咖啡玫瑰红，是赢得“人心相向”的“武器”之一。

4. 套装色是否与肤色相配

你适合何种套装色，一定要请教色彩配衬师、色彩专家和有经验的朋友。这是确立个人着装风格的第一步。

5. 亮丽的旅行袋式挎包

大容量的、旅行袋式的挎包，鲜艳、明丽、有运动特质，似乎是挎着一种出走与逃离的欲望，表现人心所向。

6. 鞋子上的时尚特征

无论是靴子还是皮鞋，能表达干净洗练的专业人群素养者，只能是方头鞋而不是尖头鞋。尖头给人神经质的感受，显得个性过甚，缺乏合作诚意。流线型的鞋底也能给人潇洒亮丽的好印象。

在今天艺术与生活、传统与现代相互交融的时代，在人们日益注重形象、追求时尚、彰显个性的时代，形象就是财富，形象就是实力，形象就是你取胜的有力保证。这一点勿庸置疑。

所以，要打开生意的大门，形象设计就是开门的这把钥匙，不但要努力维护形象，更要懂得包装自己，这样，成功的机会就会更加垂青你。

法则 8：男士着装，纵横商场以品位制胜

人与人之间初次打交道时，外在形象，包括着装成了能否给人留下良好印象的最重要的因素。得体而有品位的商务着装会帮助你在商务交流中少走弯路，促进成功。

商务正装着装的时间多是参加比较重要的商务洽谈、出席

正式的商务活动时穿着。商务便装的着装时间一般在星期五和周末。如果有正式商务活动或要约见重要的客户，最好还是要穿着正式的服装。

商务着装一般包括商务正装和商务便装。所谓正装，是指适用于严肃的场合的正式服装，如西服、中山装、民族服饰等。商务便装是指在正式的社交、谈判场合穿着的相对休闲服更正式一些的休闲服装，它区别正装和工作装。相对于商务正装而言，商务便装是在商务活动中较为随意的服装，但仍然属于正式着装范畴。

男士的正装穿着要十分讲究。在西方国家，正装包括西装和燕尾礼服；在中国，正装则以西装为主，有时也可着中山装、夹克等。最常见的男士正装，是“衬衫+西服+领带+皮带+西裤+皮鞋”，实际上，如果在炎热的夏季穿着衬衫和西裤也是正装的体现。西装的穿着讲究场合，因为只有相应的氛围才能够表现出西装庄重的特点。

一般来讲，男性商务便装应选择：外套、长短袖衬衫、有领T恤；卡其布、灯芯绒等面料长裤；皮鞋。女性商务便装宜选择：长短袖衬衫、有领T恤、便装裤、卡其布、灯芯绒等面料过膝的长裤及长裙；选择有后带的凉鞋。

商界巨子比尔·盖茨就非常注重自己的形象，他曾经请专家对自己的形象进行设计、包装与宣传。比如，1991年，他将要在拉斯维加斯发表演讲，但是，演讲并不是比尔·盖茨的长项。为了使自己以更好的形象出场，使自己的演讲产生巨大的影响与传播力，比尔·盖茨专门请来了演讲博士杰里·韦斯曼为自己的演讲作指导。比尔·盖茨演讲时，熟悉比尔·盖茨的人都非常吃惊：比尔·盖茨一改往日懒散随意的形象，穿了一套昂贵的黑西服。他那尖锐的嗓音虽然无法改变，但丝毫没有影响到他的演讲。结果，这场主题为“信息在你的指尖上”的演讲传遍美国，获得了巨大的成功，而比尔·盖茨的形象魅力值也迅速得到提升。

强调衣着的重要性，并不是要你像英国花花公子博·布鲁梅尔那样，一年仅做衣服就花4 000万美元，扎一个领结也要花上几个小时。你应该穿出符合自己身份和地位的职业范儿。

穿衣应该量入为出，与身份相称，这既是一种责任，也是对自身形象的维护，更是最实际的节俭。

相比于东方的传统文化，西方人更注重商务宴请时的着装。有智慧的男士知道如何应各种场合的需求来调整自己的着装，一方面可体现出他的权威，又一方面又折射出他的高雅品位。

制作西装的面料要求精致与考究、挺阔，不能过于厚重，颜色以黑色为上乘色，灰色为次；西装讲究合身，衣长应过于臀部，标准的尺寸是从脖子到地面的1/2长；袖子长度以袖子下端到拇指11cm为宜；衬衫领口略高于西装领口；裤长以到鞋跟处为准，且不能露出袜子；裤腰前低而后高，裤型可根据潮流选择，裤边不能卷边；这些均是穿着西装的基本搭配，体现西装的规范性。

西装是一种国际性服装。一套合体的西装，可以使穿着者显得潇洒、精神、风度翩翩。穿着西装时应注意如下几点：

1. 面料要根据季节和场合来选择。

2. 在正式场合穿西装，最好要精心选择衬衫和领带。

3. 西装袖子的长度以到手腕为宜，西装衬衫的袖长应比西装袖子长出 1 ~ 2 厘米。

4. 穿着西装，在较隆重的场合必须系扣。

5. 衬衫的领子要挺括，系扣。衬衫的下摆要束好。衬衫里面一般不要穿棉毛衫，天冷时，衬衫外面可穿一件羊毛衫。

6. 凡是正式场合，穿西装都应系领带。穿着羊毛衫时领带应放在羊毛衫内。系领带时，衬衫的第一个纽扣要扣好。如果使用领带夹，领带夹一般在第四、五个纽扣之间。但在欧洲一些国家里，使用领带夹被当成一种坏习惯。

7. 穿西装一定要穿皮鞋。一般是黑色或棕色皮鞋。皮鞋要上油擦亮。

8. 西装在穿着时可以敞开，也可以扣上第一粒纽扣（亦称“风度扣”）。但不能两粒纽扣全扣上。西装的袖口和裤边都不能卷起。

9. 西装的衣袋和裤袋里，不宜放太多的东西，显得鼓鼓囊囊。也不宜把两手随意插入衣袋和裤袋里。

10. 穿西装不扎领带的时候，衬衫的第一粒纽扣不要扣上。

法则 9：女士着装，刚柔并济尽显独特魅力

时装不仅只是增进我们的仪表，在某一种意义上而言，时装就是我们的仪表。我们给予别人的初次印象完全决定在我们的衣着和如何穿法上。别人其次才会注意到礼仪和言词，最后才领悟到性格。

“性格”当然是最重要的因素，但是对于我们在任何公共场合中给人的短暂印象而言，有两个表面的属性都是不可缺少的——那便是优美的礼仪和可人的仪表。而外在的仪表如果不漂亮是不可能办得到的。

作为职场女士，着装首要条件就是清洁。在办公室穿的服装要合身、大方、高雅，避免穿戴常要整顿的服装，要甩开一些碍手碍脚或不得其所的装饰。会穿衣服的女子，就像舞台上的导演，非常有技巧地表现她自己。这种表现的技巧是一种无法给予指导的东西，因为“它”确是一种天才，而不是可遵循的公式。自然假如有一位女士既年轻，皮肤又那么细致，身材

的尺寸在十号至二十号之间，那么她就能穿任何她想象得出来的服装，而且使得服装衬身，以便她更显完美。但是一位缺少自我适应技巧的女士，就会发现买一顶合适的帽子也是天大的一件难事，以至于她最后买的不是她所喜欢的帽子，而是她比较不讨厌的帽子。

了解什么是“合适”的感觉及穿着衣服的技巧，是“漂亮”的两笔最大的资产，这两笔资产只要任何人愿意正视她自己就能获得。

当女人们购买衣着的时候，穿着方面有几项基本原则是她们全体必须考虑的。非常矮的女子，应当选择垂直线条式样的衣服，而不要选在腰间系一条对比色的皮带或带子的衣服，因为后者从腰间开始分成两部分。高跟鞋可以加高身材。如果一个人穿了“钉”型高跟鞋，走路便不美观的话，她最好是选择稍微不太高的跟，而不要选“钉”型的。头顶上梳高耸的发式，再加上一顶高型的帽子，便会使身材矮的妇女增高不少英寸。

身材高的女子应当穿着在腰间分段的服装——一条宽皮带，一件有长外衣的套装或是呈对比色的裙子同上装。高型妇女可以穿各种漂亮的、苗条而又细致的低跟鞋，或者不太高的高跟鞋。戴帽子时不应当再增加高度，梳的发式也不应当高耸而增加身高。

身材胖的女子必须避免印着大花、大格子或厚重的料子。黑色和深蓝色是最能显出身段苗条的色彩，其他纯色或印着小花的料子，只要适合她的肤色，看起来也会不错的。衣服不能裁制得太紧反而显出你的庞大，也不能裁制得“太宽松”或拥挤在腰间。喇叭裙（通常称为A字裙）要比大裙（dirndl）或直筒式的裙子来得更为令人喜欢。如果脸型适合的话，向上梳的发式加上长耳环便能使短脖子显得长一点。晚礼服式样越简单越好，同时如果要实际一点的话，最好是能有袖子掩盖住上臂的式样（例如，配有长围巾者）。有着合理长度裙子的浴装，可帮忙遮住肥圆的大腿；但绝对不能穿“有松紧性”的衣服去兜住肚子。身材胖的妇女切记，必须放弃在公共场所穿短裤和西装裤的念头。

身材瘦的女子所遇到的问题比较少，因为多数衣服穿在身材苗条的人身上总还不错。不过，如果颈骨太显明的话颈线就应当避免开得太低；而因为通常瘦的人颈子长，所以高领及围巾通常比较合适。印有可爱的“小块花样”的（“Nubbly”）衣料，许多妇女都不适合穿着，但是身材瘦的妇女穿起来却非常适合，正好像其他许多比较极端的衣服式样（如短的直裙）也都有这种现象。身材瘦的妇女也非常幸运，能够穿短裤和流行的西装裤。

假如你是中等身材，便选择在颜色或式样上可以夸大你自己优点的服装。选择可以用来掩饰你缺点的服装，比如肥臂或是粗腰。考虑一下你的年龄。一位年长的妇女可能仍以为自己是个“运动家”，但是她最好不要再穿非常短的短裤，而穿缝制得很漂亮的裙子去从事运动。头发灰白的妇女若是发式长而蓬松，样子并不好看，而较短、较紧，或向上梳的发式更适合一位成熟的面孔。

有风采的女性总是有一点与众不同，她们总能使服装配合自己的人格，并能恰如其分地搭配配饰。

作为职场女人，一身大方得体的服装总能给人以刚柔并济之感，既能体现职业的干练和威严，又不失优雅、端庄。

法则 10：重视便装穿着，休闲中展露优雅

日常生活中，人们除了在工作中、在商务活动中的正装穿着，一般都以休闲便装为主。与正装相比，便装具有更大的选择空间，且更具随意性和亲和性。

便装是相对于正式场合所穿的制服、礼服之类的正装而言的。穿便装并无严格的限制或规定，以休闲、舒适为主。一般来讲，便装主要包括太空衫、夹克衫、T恤衫、牛仔装、运动装、西短裤等。此外，家居装、卧室装，也属于便装范畴。选择便装时，一定要认真考虑其适用的场合、是否适合本人穿着以及饰物的搭配等问题。

1. 什么场合适宜穿便装

一般来讲，在非正式的场合都可以穿便装。所谓非正式场

合一般是指休闲场合，即人们在工作之外的自由活动的时间。比如，当你居家休养、运动健身、外出度假、旅游观光、逛街购物，等等，这些都是休闲活动。

如今，在一些企业对服装也无严格的限制，职员多着便装上班。在特定的工作环境下比如销售便装时，工作人员也被允许穿便装。这是因为，在便装销售时，身着便装的销售员可以充当模特，以身示范，更好地达成商品的销售目的。而对于工作性质较为特殊的行业，比如水下作业或游泳教练等，身着正装多有不便，只能身着泳装或特殊服装。有的企业统一将某种便装规定为本单位的正装，比如，夹克衫、背带裤等，这些都是我们日常生活常见的便装，有的单位将夹克衫和背带裤定为全体员工的制服。

有一种情况需要注意，如果单位没有统一的正装，而又规定上班时间必须身穿正装时，最好不要随意穿着便装。

2. 选择便装有哪些忌讳

选择便装时并不像正装那样严格，但也必须认真考虑是否适合自己，是否符合自己的职业、年龄、身材、性格特征等。尽管便装的戒条不多，但也不能穿着过于随便。

总体来说，便装的性别特征并不十分明显，诸如运动衫、衬衫、T恤、羊毛衫、夹克衫、牛仔裤、西短裤等，这些服装都偏于“中性化”，男女性都可以混穿。更有许多便装老少皆宜，比如夹克衫、T恤衫、牛仔裤等。此外，一般来说，便装对着装者的年龄限制也不是很多，各个年龄段的人都可以穿着。这些都便装大受人们欢迎的原因。

3. 便装的搭配技巧

现代社会，随着人们生活水平的提高，人们越来越重视穿着打扮。和正装相比，便装虽然在搭配方面的讲究要少很多，但也要遵从一定的搭配原则。

在本着舒适、随意、自由的前提下，所选的便装在风格上应尽量达到协调一致。牛仔装的率性和奔放，运动装的休闲和舒适，乞丐装的另类和出位等，都可自成一体。穿着便装时应力求服装风格尽可能的一致。不要让多件便装在风格上相差太大。比如上穿运动衫，下配睡裤，就会显得不伦不类，必然会引来奇异的眼光。

便装在面料选择上也比较宽泛，棉、麻、丝、混纺等面料都是常见的面料。此外，毛、皮、各类化纤织物等面料，在便装都可以根据需要选用。也有一些便装对服装档次、面料等有高标准的要求，这就需要在面料、做工、款式等方面进行适当的考虑。不仅要对舒适度、美感给予重视，还要搭配所穿的便装。

最有，有一点需要注意的是：对便装进行搭配组合时要注意搭配的惯例，比如穿牛仔裤时最好不要穿布鞋或凉鞋，而是搭配皮鞋或者运动鞋。穿短裤、凉鞋时，可以不穿袜子，女士最好不要穿长筒袜或连裤袜。而穿夹克衫时搭配西短裤就显得不伦不类。

法则 11：戴有品位的帽子，挥手间皆是礼仪

帽子是一种不可或缺的饰物。从帽子的功能来讲，帽子具有极好的保暖效果，在保暖的同时又可以装扮自己。

夏日里的遮阳帽不仅遮阳效果好，还可以为你带来不同的时尚感。喜欢户外运动的朋友多数都喜欢戴帽子，因为可以起到很好的保护头部的作用。无论是遮阳防晒还是保暖防风，帽子都起到非常重要的作用，也正是这样，最常见的棒球帽才被冠以运动的象征。

此外，从扮靓的角度讲，戴帽子也是一种时尚，可以提升佩戴者的气质。在欧美一些国家，帽子是非常重要的配饰，尤其在欧洲，帽子更是一种高贵典雅的象征。据说在以前帽子是王室贵族的特征，直到现在一些欧美国家的人在出席一些比较重要正式的会议和酒会时都有佩戴帽子。

戴帽子是一种风格的象征，也与不同民族的文化密不可分。有些人，不论在城市还是乡村，除非绝对必要，否则就宁可不戴帽子。对这些人，或任何衣装有限制的人，一顶灰色的呢帽是最好的选择。帽子可以选任何颜色，适用于任何场合，除了穿全套礼服时不能佩戴呢帽。至于穿白领结的那些人，经常的确应该配上一顶黑色汉堡帽或丝质帽。常礼帽，从前与上班的西装一起

穿，如今已很少见，而丝质高帽，也几乎绝迹了。

住在乡村的男士，应该选择质料稍微粗糙一点的呢帽，这类呢帽可能会附带特别的辫带或布带，而不用黑丝带，偶尔也有将一根羽毛或其他装饰品斜插在带子上。不过，这种帽子不应该与无尾礼服一起穿着。

夏天，戴顶椰子叶做的草帽是既漂亮又凉快。帽上的带子可以用任何纯色有图案或者格子花都行。即使在都市里，白天可以戴这些帽子，但是配合晚间服装就只能戴比较旧式的巴拿马帽。

帽子不仅是一种饰品，也是一种礼仪的象征。比如，一位男士和一位朋友走在一起，如果他向一位女士打招呼，而这位男士又不认识那位女士时，只要举帽就可以了，而不必向她鞠躬或凝视。

假如一位陌生的女士走在路上时将手套或其他的东西掉在地上，你应该将它拾起来，马上赶上去，把手套交还给她，并且说“我想这件东西是你丢掉的”。那位女士回一声“谢谢你”时，这位男士就应当举帽回礼，然后走开。

如果他在一条小巷中与一位女士擦身而过，结果他挡住了她的路或使她受到任何阻碍，当他通过这条小巷时，就要举帽示意。

如果他搭乘公共汽车，而因车子的摇摆，使他碰撞到另一位乘客时，他要说一声“抱歉”或“请原谅”。假如另一位乘客是一位女士。当她恢复平衡时，他要马上举帽致歉。当一个人要请某人让他上车或下车的话，他只需说声“请让一下”，而不需要举帽。

我们都知道男士不要与一位妇女抢座位。可是如果他坐着，妇女们进来了，假如她们还年轻，他就可以不让座。如果是一位老妇人，或一位抱着婴儿或携重行李的女士进车厢，一位男士要站起来，微微举帽以示让座。当她谢他的时候，他又举帽还礼。

如果他在任何公众场合与一位女士在一起，当一位男士让座给她的时候，或者帮她拾起落失的东西或对她表示任何礼貌，第一位男士就应举帽向另一位男士致谢意。当你向身边女士询问问题时，要举帽。当他和一位女士一起在街上走，那位女士和另一个人打招呼时，他也应该举帽致意。

换句话说，不论何时只要一位男士要说“抱歉”“谢谢你”的话时，或与一位女士互相谈话时，就应举帽，而且通常举帽、脱帽或鞠躬时。他应该将烟斗、雪茄或香烟自嘴中拿下。

当一位男士在公寓或旅馆（或任何可列为住所的房屋）的电梯内见到一位女士，他应该将帽子取下拿在手中。

假如一位男士在都市街边停下来和一位他所认识的女士说话，应该将帽子和手套都除下，（若是他正在抽烟）连同香烟也要拿掉。在美国，在户外，每一位美国公民在路过国旗时，或在室内及室外听到演奏国歌时，都应当立定及脱帽为礼。而每一个人在参加葬礼或任何教堂仪式时，也都应当脱帽。

戴了“户外”手套的男士，在没有将右手手套脱下之前绝不能和女士握手。但是在他参加正式的舞会或是担任婚礼中的招待时，就不需要脱手套，那副手套是有意要在室内戴的。假如在街上，他不能空下左手去脱右手的手套时，他可以说“请原谅我无法脱手套”。但是在室内戴手套时他却不必说这种话。

法则 12：穿有品质的鞋子，这一点至关重要

常言道“千里之行，始于足下”，这与鞋的作用是分不开的。但是，美国疾病预防控制中心的一项数据显示，成年人的脚病与多种因素有关，其中64%源于穿鞋不当。可见，选择鞋子不仅要注意外形，更要注意其舒适度。

有人说，皮鞋是男人的第二张脸。那么，职场男士该如何选择适合自己的鞋呢?

男士们都该有几双合适的皮鞋，以供所需。若所在行业或企业的着装要求是商务便服，皮鞋一定能提升你的专业形象；而在必须穿着西装的场合，皮鞋则是唯一的选择。

对于皮鞋的款式，是选择系带式，还是选择无带的，可依个人喜欢而定。但作为有品位的男士，一定要选购真皮材质的皮鞋，因为真皮才能显示出鞋子的品质和质感。颜色方面要避免穿双色皮鞋，以纯黑色或深咖啡色为宜，鞋面上最好不要有特别明显的金属饰品。选对了皮鞋会给你整体形象加分，如果选错则会使你的整体形象大打折扣。

无论是靴子还是皮鞋，要想体现出干净洗练的专业气质，只能是方头鞋而非尖头鞋。因为尖头显得个性过甚，有缺乏合作诚意之嫌。除了鞋头部分能反映精确的专业气质外，流线型的鞋底也给人潇洒亮丽的好印象——一种对职业游刃有余的优越感。所以一些重视外观形象者，都选择了流线型的鞋底，以期塑造一种幽雅敏捷的气质。

鞋子和男士们的衣服一样，在形式和颜色上要稍微保守一点。深褐色、羊皮色（cordovan）及黑色都是最好的选择，而能配合许多的上班服或运动服。假如你有晚礼服，你就一定要有相配的黑皮鞋。

你买的皮鞋的质地越好，你穿的时间也越长。好的皮革，常用鞋油作适当的保养，将可以穿上许多年。好的皮鞋是值得重换鞋底的，你应该在它们没有穿得太旧之前就换底。一双比较贵的皮鞋，更能让你感到合脚，尤其在你的工作需要你一站许多小时的时候更是如此。

至于皮鞋的式样，素面的皮革（如山羊皮），打孔的鞋面和露孔的鞋尖，或“盖住”的鞋尖，完全依你自己的眼光来选择。但是最好能不选太尖的鞋尖和过高的鞋跟或是装上许多花巧的玩意（例如以鞋扣代替鞋带）。运动鞋最适合在乡下穿，但在都市上班的时候穿，就似乎太随便了。雕花细工的、小山羊皮的，或新出品皮革所做的鞋，都会破坏那选择得很好的服装。

一双做工精良、品质上乘的鞋子总能达到舒适与美观的和谐统一。那么，如何选择一双有品质的鞋子，为你的形象加分呢？

1. 鞋与服装搭配的颜色选择

鞋的颜色要考虑所穿着的衣裤的颜色。鞋的颜色既要独特，又要与整体服装格调相配。对于穿单色调服装来说，一般选择和服装类似或者相同的颜色。若是穿花色多的服装，最好是选择黑皮鞋。黑色在视觉上给人稳重之感，可以和各种颜色的服装协调搭配，黑色也是永恒的流行色。如果你想让鞋子的颜色稍有些变化，可以再备双灰色和白色皮鞋，灰、白色感柔和，很容易与各种颜色的服装搭配。

在如今的流行色中，柔和色慢慢变为明丽，鞋服的色彩组合也开始日趋多样化，如，红淡粉色和白色组合、白色和象牙色组合、豆沙色和银灰色组合等。石磨蓝的牛仔套与白色的休闲鞋搭配，质朴中透出生机。红豆沙色的丝质衬衫与深蓝色的短裙搭配，则更显得深沉与稳重，如果这身装束再配以深棕或黑色的浅口无带的高跟鞋，更能恰到好处地表现出女性大方的气质。

在春夏两季，琥珀色、人参色与透明的灰色系列最领风骚。黑白色在任何一个季节都不失风采。黑外套、白衬衣与白色浅帮高跟鞋组合，显得风度翩翩、高雅庄重。冬季一般适宜选择深色调。马靴可以很好地表现出朝气和成熟，其既能和长裙搭配，又能和裤搭配。因此，有必要备一双咖啡色或土黄色的马靴，即容易搭配服装，又不容易过时。

2. 鞋与服装搭配的整体性统一

在色彩上搭配合理了，我们还必须讲究质感上的和谐。比如：麻纱植物果实装突出着装者的随性、自然，与休闲鞋搭配最佳；呢料的西服能表现女性的温柔与庄重，应该和高跟皮鞋搭配；真丝的连衣裙适宜和麻边凉鞋搭配，会透漏出妙不可言的浪漫情怀。鞋的搭配技巧不只是颜色、质地上的谐调，还有款式的组合。比如：紧身裤要与高帮运动鞋组合才相配；薄呢长裙要与高跟长筒靴组合更能表现出女性的洒脱和柔媚；旗袍与高跟鞋组合，能更好地展示女性的典雅韵致；喇叭裤型要和细高的鞋跟搭配组合才能突出修长的造型；短牛仔裙与休闲鞋的组合更能令你活力尽现。

3. 鞋与身材的搭配技巧

很多个子不高的女性都想借助高跟鞋来弥补自己身高。其实，身高在一米六以下的女性适宜选择精巧的小高跟鞋，才能衬出秀美体型。如果身材过于娇小却穿着四英寸高的高跟鞋，比例就会明显失衡，给人以极不谐调之感。身材娇小的女性也不适合穿齐膝的长靴，否则会显得更加矮小。个子越高的人越适合穿高跟鞋，因为鞋跟的高度与脚的长度是呈比例的。身材过胖的女性不宜穿高、细、尖的鞋跟；矮胖女性最好不要选择皮靴，这样会令你显得笨拙，高胖的女性如果选择皮靴，也会令你像武夫一样，毫无女性的温柔之感。

4. 鞋对人体健康的影响

没有跟的鞋子是女性的大敌，会造成足部韧带和肌肉的劳损，还会连带着给脑部神经带来不同程度的损伤，可导致头痛、腰痛等症状。而高跟鞋虽能让女性挺胸收腹、小腿绷直，但让全身重量集中在脚趾上，长期穿高跟鞋却可能造成足部畸形，而且穿高跟鞋会让腿部韧带和肌肉总处于紧张收缩的状态，很容易造成膝盖僵直。因此，女性穿鞋不宜总穿高跟，最好是高跟和低跟轮流穿，要想让美丽和健康同在，尽量少穿鞋跟在4厘米以上的高跟鞋。

法则 13：精心选择配饰，让着装大方得体

饰物，简言之就是装饰之物。它必须与所装饰的客体有机地结合，成为统一、和谐的整体，才能加强审美效果。饰物早期的定义是指佩带于头上的装饰品；而现代定义是指与服装或者相关环境相配套起装饰作用的饰品，主要是达到美化自身的效果。

现代饰物主要包括：丝巾、项链、胸针、腰带、披肩、耳环、发夹、戒指、手镯、手表、手包、眼镜等。无论男士还是女士，在饰物的选择上都应该坚持少而精的原则。

1. 女士饰物搭配注意事项

生活中我们看到，很多成功女士都喜欢佩戴珍珠或者K金项链，这些东西显得很贵气，但如果你同时再加上一条长长的丝巾，就略显累。最好是在进入房间后就立即把丝巾摘下或者把项

链取下来，身上只留一样饰物最好。

饰品不可少，但切忌佩戴过多。戴太多的饰品会极大地降低职业感。职业女性的配饰以简约精致为好，正式商务场合身上穿戴的配饰最好不要超过五种。

最近几年，各式手串十分盛行，很多信奉佛教的女士喜欢在手腕处佩戴各式佛珠手串。有的人，两只手腕都缠着密密麻麻的手串，水晶的、琥珀的、木质的，各种材质、大大小小、五颜六色。显然，这种佩戴方法是不可取的，过多过密的手串只会碍手碍脚，显得很累赘，给人的感觉不是美感，而是炫耀。

现代女性往往包不离身。但职场女性千万不要选择太过时尚的彩包，黑色或棕色的皮质拎包更具有权威性。与服装相比，皮包的搭配也很重要，切忌不分季节、不分场合，长年累月地只使用一款包，这样做会极大地降低你的品位和格调。

2. 男士饰物搭配注意事项

在我国，男性代表的是阳刚之气，因此，一个男人，既要具备阳刚之气，又要具备男人的霸气，最好是刚柔并济。因此，男性佩戴的饰品，必须要能体现出男人的气质。

一般来说，男性的项链、手链、戒指款式要粗重，造型要有棱有角。项链坠和戒指上的图案也应具有男性特点，如有龙、虎形象或“福”“吉”等字样。

时尚元素总是与饰品配搭，目前市面上适合男性装扮的饰品有项链、手链、戒指、胸针、领带夹等。西装的配饰，例如领带、领结、手巾、皮鞋、纽扣等，它们同样是正装穿着的重要组成部分，不容忽视。因此在选择和佩戴时，一定要突出自己的个性和独特的风度。

男性的项链一定要贴身戴，戒指的戴法也应遵循女性戴法的原则。

男性的胸针应选戴抽象的图形或代表雄风之美的龙、虎、豹、鹰等动物图案，这样的胸针别在西服翻领上，会令你雄性十足。

穿西服扎领带时，领带夹应与领带的颜色相配，线条要简洁明快。

在商务活动中，一款搭配得体的眼镜会极大地增强男士的风度。眼镜最初是为视力有缺陷的人生活方便而发明的一种实用品，现在尤其在商务应酬中却已经被大大地扩展了适用范围，增加了装饰的功效。例如，眼睛长得太小或形状不美，或眼周围有疤痕的人，戴上眼镜就能够有效地遮挡这些不足。那么，男士该如何选戴眼镜呢?

1. 长脸形的人宜用阔边而略方的眼镜架，这样会使脸显得短些。

2. 短脸形的人应选用无色透明框边的眼镜架，可以使脸显得长一些。

3. 圆脸形的人宜用有棱角的方形镜架，而不能选择圆形镜框，那样会产生滑稽的感觉，好像大圆圈上画了两个小圆圈。

4. 脸形过大或过小的人，选镜框要适中，男性的脸部轮廓较粗犷，棱角分明，适合配宽边大片的眼镜。

5. 皮肤较黑的人，应选用较为明亮的镜框；皮肤白皙的人则可选择浅色镜架；皮肤发黄，宜用暖色调镜架。

6. 塌鼻梁应戴有高鼻托的眼镜，高鼻梁则宜戴低鼻托的眼镜。

7. 瞳孔间距较宽的人宜选用深色大镜框；较窄的则应选择中间有镜桥的透明浅色镜架。

穿衣戴帽，对于男士来说帽子也是其中的重要组成部分。选择适合自己的帽子能够恰如其分地衬托出风度和修养，展示社会地位、经济状况。选择帽子时首先考虑实用性，其次考虑装饰性，不论是礼帽，还是棒球帽、旅游帽，都要从自身出发选择适合自己的式样、颜色。

帽子要与自己的装束、年龄、工作等相协调，并要根据自己的脸型选择。脸圆的人适合戴宽边较高的帽子，脸窄的人适合戴窄边的帽子。

一般的场合，男士戴的帽子要颜色稍深一些、暗一些，有利于男士展示刚毅、干练的作风，但是质地和色彩要选择较为柔和的，这样不会给人太过强硬的感觉。穿礼服时，必须用黑色的礼帽与其相衬，在工作场合里尽量不要戴帽子，如果要戴，帽子的帽顶不能太高，帽檐也要选择窄一些的。

要根据衣着和场合选择帽子。白色的西装配白色的礼帽；在运动的时候，也可以戴白色的棒球帽等，具体的情况可以具体分析。

此外，需要注意的是商务男士穿袜子不要裸露腿毛；不露鼻毛与胸毛、不露胸部隐约两点、不露刺青、不露衬衫口袋里的凌乱物品、不露项链、不露宗教相关物品如护身符等。

法则 14：注重服饰保养，维护好自身形象

无论你在男装店或百货店买衣服，或是特别请裁缝师定制一套服装，最重要的问题是要极为称身。虽然你的预算会很紧缩，已尽可能买不太昂贵的衣服，但是一定要花点必须花的额外时间，以便作任何必要的尺寸修改。任何西装小心地挂起来，不使它松弛或拉长，看起来就比它本身值钱。

无论你的衣服是最好的便宜货，还是你已经做得最贵的西装，另一种增加它们寿命和增加无止境的美观的方法就是你给予它们的“保养”。衬衫和运动上装应该要烫要刷，并且在穿过两三次之后要擦拭一下。但是假如你想延长衣服的寿命，在衣服被灰尘或烟整个弄脏了时，或衣服上有在家中无法除去的污渍时，它们就应当送到普通洗衣店去洗。西装裤每穿一次如果折缝没有了，再不然后面或膝盖处起了皱纹时，就应该拿去烫平。可是如果你投资买一个好的“沉默的侍仆”（即一个可以挂裤子的架子，裤子排上之后再用一块连着的板子压平，而那板子紧压着悬

挂的裤脚管）。因为上身的夹克所显示的使用程度不像裤子所显示的那样厉害，一套西装在非要烫或送到洗衣店之前还可以多穿几次。

扣子和风纪扣若是掉了，马上补缝上去，这是一件“非常要紧的事”。掉了一个扣子或风纪扣，非但有损于衣服的美观，而且若是放置过久而不缝扎，还会使西装或西装上身走样。

另一项值得做的投资是为每只鞋子准备一具鞋架。鞋子一脱下来便挂上去适当地张开，没有什么东西比它更能增加鞋子的寿命，而也没有什么别的东西比适当的擦油更能增加皮鞋的观瞻和保护皮质。

在现代社会，日间服装的穿着规则已经不似从前那么严格，但是在都市上班的男士，如果要给他的主顾、下属或上司留一个好印象，一定要穿规定式样的西服。运动上装，开领衬衫在都市中只适周末穿或者家中穿。平常上班时间，一套西装才是适当的服装。

上班穿的西服，料想是很不显眼的服装而且也应该如此。如今的西装通常都包括西装裤和单排扣的上装。有些人也穿双排扣的西装，但是上装一定要很合身，而它们看起来稍微有点过时。背心也可以穿，但却很少穿。下面有几项规则需要遵守：

不要选择触目的花样和质料。虽然朴素的格子、隐晦的条子，或人字形的图案都很好看。合适的羊毛料子种类繁多。而任何在短距离之内不那样显眼的比较稳妥。

深灰（木炭色）、深蓝及棕色都是最好的可供选择的颜色，当然橄榄绿和浅灰也不错。但是不要选太浅的蓝色和太鲜明的绿色，或任何令人想到马用毯子的颜色。

西装裤可以有而且通常都做得有裤底反折，但反折不能太宽或者像“铃的下部”，也不能窄得像是“Continentals”cut。上衣的翻领要小一点，但要适度。垫肩是件可厌之物。假如你是个有怪癖的人，那么为下次化装舞会省点力气吧，在那儿你高兴穿什么便穿什么。但是对于你上班穿的衣服，就稍微讲点道理吧！

除非是在晚上，否则冬天不穿丝袜比较像样。至于穿羊毛袜而感到不舒服的人可以改硬棉线袜或棉袜。最重要的是在都市里不要穿短白袜。不要在身上戴一些链子、表袋等东西，也不要穿格子衬衫和系格子领带。否则你遇到的任何人都只会留下一个坏印象。绅士们的衣服经常都是保守的，并且避免可能属于“新奇”的任何东西也稳妥一点。假如有一位推销员介绍给你任何“从来还未见过”的东西，除非你的经验老到判断正确，否则最安全的方法便是“躲开”它。

夏季的西装色彩较淡，质料也较薄，配件也可以稍微新式些。袜子不但棕色及灰色的很适合，其他的颜色亦然。印花丝质或任何新式人造纤维的领带，颜色可以是鲜艳的，但是图案应当是小型的，条纹不应当太狂野。

一套黄褐色、灰色、蓝色或橄榄绿的西装，采用新式质轻、不起皱的夏季纤维做的，适合在都市中穿着及在乡间穿也有适当的好处。

现在市场中有些新的质料是那样轻又凉快，即使在最热的天气中穿也很舒服，因此几乎就不需要经常脱掉上装了。

总之，不仅要注重服饰的选择和搭配，更要注重服饰的保养。这样，才会令你的形象时常保持给人焕然一新的感觉。

法则 15：了解色彩寓意，让着装更有内涵

人们日常的着装和搭配，不仅要注意穿着的场合，让其符合自己的职业特点，更要注意服饰色彩的搭配。因为不同的色彩搭配，给人的感觉是截然不同的。

不同的色彩会给大脑不同的刺激，而且也微妙地影响人的心理情绪。从而产生不同的心理感受。有的色彩悦目，会使人愉快；有的色彩刺眼，让人烦躁；有的色彩热烈，使人兴奋；有的色彩柔和，能让人安静。要了解色彩在人们心理中所产生的联想、感觉及它的象征寓意，才能更好地选择适合自己的衣着，穿出自己的风格。在选择适合自己的色彩之前先了解一下它们代表的意思。

1. 红色

在我国，红色服饰多用于喜庆场面。可联想到太阳、火、鲜花、晚霞等，给人以热情、兴奋、快乐的感觉。适合宴会、舞

会等欢快场合，同时也有警告的意味。红色服装具有较强的刺激和兴奋神经的功能，给人以积极向上的感觉，展示个性纯情的魅力和性感的魅力，能增强人体的潜能，红色服装还能带来喜庆气氛，给大家以欢欣。

2. 黄色

黄色是光明和希望的象征。使人感到明朗、高贵、健康，尤其是淡米黄有素净感觉。淡黄色的花与气球能给人轻松柔和的美感。但基督教不喜爱黄色，认为黄色是卑劣的色彩，表示嫉妒和奸诈，所以在出席有众多外国朋友的场合，要注意避免使用。

3. 蓝色

蓝色给人一种庄重、坚实、理智、宁静、朴素、寒冷的感觉。因此夏天的冷饮室常使用淡蓝色，可让人产生凉快的感觉。蓝色、浅蓝色以及白色服装，给人以清洁、素雅的美感，可以使人安静，稳定人的情绪。

4. 橙色

橙色具有鲜明夺目、光辉、温暖、明快、热烈的感觉。可以兴奋交感神经，使人容易激动。多看则有厌倦、烦恼之感，所以常作为搭配的颜色。

5. 绿色

绿色具有青春、自然、和平、清爽、温和的感觉。浓绿色的森林有丰饶、茂盛、欣欣向荣的感觉；春天嫩绿色的树芽给人以清新、复活、希望的感觉。绿色多象征和平。绿色的服装，使人产生一种柔和舒适的感觉，对心理有缓和作用，可以使紧张的神经得以放松，让社交对象无压迫感。

6. 紫色、红紫色

紫色具有高贵、神秘的感觉；蓝紫色有优雅、沉着的感觉。但浓艳、刺眼的紫色又使人感到庸俗。所以，在选择时要注意颜色的差别。

7. 白色

白色素有清净、素雅、圣洁、高贵、善良等美感。适合气质单纯，外表简单的妆饰，但又常用来表示悲痛情感。

8. 黑色

有庄重、严肃、神秘、阴森等感觉。黑色又可象征恐怖、死亡等。但是黑色的服饰，配在洁白光滑的肌肤上，使人显得高贵典雅，能对人产生镇静作用。紫色、黄色服饰也有类似作用。特定社交场合着黑色服装，能渲染气氛，产生庄重、肃穆感。

受制于个人所处的环境、文化素养以及年龄等因素，不同的人会选择不同的服装颜色。年轻人多选择红、粉红、黄、绿、橙等颜色，因为他们有活力与朝气。老年人多喜欢黑、灰、海军蓝等颜色，因为他们的心情平稳温和。当情绪低落时，选用活泼亮丽的服装，能帮助人改善心情。不同的人，不同的心情，不同的色彩让我们的世界五彩缤纷、多姿多彩。

第三章

用精致妆容吸引眼球：

让人看到最美的你

常言道：三分长相，七分打扮！这句话一点都不假。随着社会的发展和进步，人们对美的追求也越来具备了良好的条件。在现代生活中，我们追求的美应该是科学的美、健康的美。化妆的作用不可小觑，既可以起到美化容貌的作用，又可增强人的自信心，更能弥补天生的某些缺陷，能将你最美的一面展示给人们。化妆可通过运用色彩的明暗和色调的对比关系造成人的视错觉，从而达到弥补不足、美颜的目的。

法则 16：发型与脸型，重在相得益彰

发型，即头发的整体造型。美丽的头发是展示良好交际形象的前提。修饰仪容应当“从头做起”。选择发型，除个人偏好可适当兼顾外，最重要的是要考虑个人条件和所处的场所。

商界对头发的长度大都有明确限制：女士头发不宜过肩部，必要时应以盘发、束发作为变通；男士不宜留鬓角、发帘，头发的长度最好不要长于 7 厘米，即大致不触及衬衫领口。而剃光头，则男女都不合适。个人条件，包括发质、脸型、身高、胖瘦、年纪、着装、配饰、性格等，都将影响到发型的选择。

1. 小巧脸型

对于小巧的脸型，在发型设计上要使脸与整个头部、颈部连接起来，而不是让人单单看到一张脸。脸融会在头颅中，无形中就有了整体的感觉。有了整体的和谐，就无所谓脸的大小了。要收拢头发，除去刘海儿，紧缩成形，在脑后下垂，以扩大脸部开面，使头颅成球形，小巧而结实。加上小巧精致的辫发，脸就显得不小而且得体。

2. 四方形脸

对于这种脸型，发型处理上注意对下额两侧锐挺的线条进行柔化处理，使发型切角成圆，发式的外轮廓应圆套方，用下垂的头发挡住两侧起角的额廓。顶发应蓬松高耸，额前两鬓角用刘海儿遮盖，线条要明朗，使脸显长。腮处以圆弧形发式紧贴，有削弱下颚方正的显圆作用。头发侧分，不宜太偏。两侧发型必须收紧，呈弧形紧贴两腮，使头发遮挡耳轮廓的上半部渐向后鬓，呈椭圆形。另外，这种脸型适于烫发，波浪要大，避免头发平直，以用圆润的线条减弱对脸部方正直线条的视觉印象。发型要求上边放松，下边收紧，头发梢短，显出颈部较长。剪短发的女士也可梳理出挡住额廓的款式，头顶部分比较厚，后部则薄，看起来好像是一顶小帽子。后部的头发斜向前，包裹住额部。

3. 长方形脸

对于这种脸型，发型应当顶部低，适当遮额，两侧松而圆，线条柔和，使脸型开阔，以优雅活泼的发式来缓解因长脸而形成的严肃感。周围下部头发，包括后面的头发，均宜用曲线、弧形线来实现。长脸型的女性宜选择短而宽的发型，如童花式、翻翘式短发或娃娃头均适宜。这种脸型的人不宜留直线型的长发，避免头发往后梳，使发型与脸型脱节，更显露出长脸的特征。

4. 圆形脸

对于这种脸型，发式宜长不宜宽，可蓄直线形长发，留至肩膀上或下巴的平等线上。额前不要梳浓刘海儿，顶部头发应梳得松散高耸，两侧头发避免隆起，收紧服帖，波浪不宜过平，带斜波纹为好。不宜剪短发，因头发剪短，易使两侧头发鼓起，脸型会显得更圆。若烫发，可利用波浪式，波浪深些、宽些，修剪成椭圆形轮廓，层次参差，使脸型呈漂亮的鹅蛋形，也可把头发拢到后边挽成球形，能增添线条美，很适合圆脸大眼睛的女士。

5. 三角形脸

对于这种脸型，头顶部分的头发宜具有蓬松感，而两侧的头发则要紧贴着脸部，线条柔和，能改变三角形的感觉。可烫成花瓣式发型，顶部由花瓣形纹样组成，较为蓬松，可以弥补头部较尖的缺陷。若是上宽下尖的倒三角形脸，发型应该顶部紧，两侧蓬松。这种脸型，适宜留双花式等长发。由于脸颊至下巴成一斜线，因此，必须注意头发的长度。若发长及耳，应强调脸颊的倾斜感。这种脸型的人不要留短发与发髻。

6. 菱形脸

对于这种脸型，设计发型要注意增加前额的宽度和饱满度，使整体造型呈椭圆形。它以烫成丝丝卷发最为美观，前额有几缕花丝轻垂，耳后卷发与顶部发式相互呼应，菱形脸的缺陷就可以弥补。如果梳理直发，前发自顶部开始剪成刘海儿，将前额盖住，耳后束发，有婷婷之姿，或者将刘海儿侧吹，亮出额角，整体发势向下垂直，显得娟秀潇洒。

7. 椭圆脸型

对于椭圆脸型，任何发式与它配合，都能达到美容效果。但若采取中分头路，左右均衡、顶部略蓬松的发式，会更贴切，以显示脸型之美。

8.“由”字形脸

应选择宜表现额角宽度的发型，而中长发型较好，可使顶部的头发梳得松软蓬松些，两颊侧的头发宜向外蓬出以遮住腮，在人的视觉上减弱腮部的宽阔感。

9. 心形脸（瓜子形）

切忌前额留刘海儿，需用蓬松鬈曲的短发把双颊最宽的部分遮掩起来，以此来弥补不足之处。

在选择自己的发型时，能恰到好处地表现出独特个性，并能增添魅力的才是适合的。不能一味地追求时尚或过分拘泥于年龄、脸型、体态。不管发型或发色怎样，有光泽的健康头发才是无价之宝。

法则 17：发型与身材，重在相互映衬

服装的穿着不仅要与人的身材脸型甚至气质相协调，而且还应与人的发型相协调，如穿旗袍就需要配以中国式大发髻，尤以大发髻中的海螺髻为佳。其造型含蓄，既具有古代佳人的美态，又有现代女性的风姿，或以盘龙髻，则行纹清新，块面均匀，线条优美，起伏得当，颇具古典风韵。若以长发披肩与旗袍相配就

会显得不协调。又如夹克衫配穿牛仔裤，则需配以超短蓬松轻盈的现代发型，或随其自然的长披肩发，以表现洒脱和自如。而穿连衣裙的发型应强调妩媚绰约的阴柔之美。

1. 高瘦身材者

这种身材是比较理想的身材，但容易产生眉目不清的感觉，或是缺乏丰满感。在选择发型时，应尽量弥补这些不足。这种身材的人适合留长发，但是要适当增加些发型的装饰性。如若梳卷曲的波浪式发型，会对于高瘦身材更有一定的协调作用。如身材修长的女性如梳侧披发或束长发，则显得亭亭玉立，倍增娇美。但高瘦身材者不宜盘高发髻，或将头发削剪得太短，以免给人一种更加瘦长的感觉。

2. 高大身材者

对于此类身材的人的发型，在设计上应努力追求大方、健康、洒脱的美，减少大而粗的印象。一般留简单的短发为好，切忌花样复杂。烫发时，不应卷小卷，以免造成与高大身材的不协调。但对直长发、长波浪、束发、盘发、中短发式也可酌情运用，切忌发型花样繁复、造作。

3. 矮小身材者

身材短小，给人以小巧玲珑的印象，适宜留短发或盘发，并可以根据自己的喜爱，将发式做得精巧、别致些，不宜留长发或粗犷、蓬松的发型，那样会使身材显得更矮。可利用盘发增加高度，而且还会因为露出脖子可以使身材显得高些。设计发型更应强调丰满与魅力，从整体比例上，应注意长度印象的建立，而且要在如何使头发秀气、精致下上工夫。

4. 较胖身材者

身材矮胖的人要尽可能弥补自身的缺点，适宜梳淡雅舒展、轻盈俏丽的发型。在发型的设计上要强调整体发势向上，将两侧束紧，使脖子亮出，使人产生视错觉，也可选用有层次的短发、前额翻翘式等发型。不宜留长波浪、长直发。

另外，选择发型还要注意颈部的特点。颈部长的人适合稍长的、波浪大的发型；颈部短的人要把头发从颈部向后梳，把后面的头发梳得完整一些，让颈部暴露出来，使颈部显得长些。如果你的上身比下身长，或上下身等长，发式可选择长发以遮盖其上身；如肩宽臀窄，就应选择披肩发或下部头发蓬松的发式，以发盖肩，分散肩部宽大的视角。

法则 18：深谙化妆的重要，重塑最美妆容

皮肤是“第一道人体保护防线”，在外界各种“敌对势力”侵扰时，皮肤首当其冲，是第一个保卫者，同时也总是第一个受害者。如果外界的侵袭过于突然、猛烈，皮肤就会受损过度。因此，对皮肤的保护非常重要，有一种好办法就是正确使用化妆品。

但是在日常生活中，人们对化妆的认识还存在误区。例如，有人认为，年轻人才需要化妆，而中老年人已经青春不再，用不着再化妆。这是我们经常见到或听到因为缺乏化妆品基本知识，事实上中老年人更有必要讲究美容。因为中年人的皮肤已开始老化，要用适当的化妆品加强保养，延缓衰老，并且老年人皮肤开始萎缩、变性，可以用化妆品掩饰衰老，展示另一种魅力。

另一种误区就是忽视皮肤的一个重要功能——美学功能。脸部的皮肤是人的“门面”。人的皮肤健康与其仪表密切相关，是整个人体美的表现的重要部分。研究表明，影响人际关系的三大外表（貌）因素是，魅力、美貌和性吸引力。社会心理学家调查认为，仪表对他人的吸引力直接影响本人的社交技巧及其他生活行为。

还有一种误区就是认为化妆品的使用范围只限于面部。这是片面的看法。颜面化妆是女性化妆的重点，但除了面部之外，头发、手部皮肤、指甲、躯体等，也同样需要化妆品的保养，只是用于不同人体部位的化妆品各有不同。

化妆的功能在于即便是“花容月貌”，也需要锦上添花。这时，美容化妆品和其他美容技术将大有用武之地。正确的美容能扬长避短。随着岁月流逝，皮肤会有一系列衰老改变，此时美容又有了更重要的表现机会。现在化妆已经不再是女士们的专利，男人的皮肤也需要保护美化。以前男士皮肤的保养、化妆是被忽视的，现在男士化妆已经被越来越多的人所接受。青春期的或中年的男性皮肤一般比同龄女性油腻，注意皮肤的清洁，适当地使用香水等可以增加自身的魅力；老年男性的皮肤变性表现也比同龄女性多，主要是着重于皮肤的保湿。现在市面上许多有名的化妆品牌都有男士专用化妆品，如洁面用品、刮须用品、香水等。

护肤、美肤既是人们追求健康的信心，更是热爱生活的美好追求。

此外，我们还要了解五官皮肤的特点。

五官化妆的重点是以美容为主。相对而言，五官护肤方法比较简单，容易，而美肤的方法却复杂、困难得多。五官皮肤有以下生理特征，在选用化妆品，施行化妆术时，须充分考虑。五官都是感觉器官。其中鼻子、口唇还是呼吸道、消化道的入口，要求化妆品纯正、无毒、无刺激性、低敏性。

人们对五官的审美，尤其是对眼睛、鼻子和嘴的讲究和挑剔程度大大高于其他任何部位，因此使用五官化妆品必须照应五官美学的方方面面。与美化相对应，五官的掩瑕化妆也越发重要。

综上所述，五官化妆品的使用既要与全身状况、面部情况相适应、相协调，又要跟自己身体的各个器官相结合。

首先，需要根据年龄的不同来选择化妆的方式和程度。根据自然规律，一般年轻人着淡妆，中老年人宜选择稍浓的妆，儿童可选用适当的护肤品，如各种婴儿专用护肤品。

应注意的第二要素为职业。不同职业的从业者应选择有自己职业特色的化妆品和化妆方式。这涉及三个方面，即选用哪类化妆品来护肤；选用哪种美肤化妆品来掩盖职业因素造成的皮肤缺陷；某一具体行业禁用或不宜用哪些化妆品。禁忌一般都是相对的。如果不在这个职业岗位上，可以免予考虑职业装扮的禁忌。

要注意的第三要素是场合。不同的场合对于同一个人来说，应该有不同的浓淡相宜的装扮方式。一般清晨在家中施清淡的妆，日常工作环境中要选择与所处的社交环境相协调的，浓淡相得益彰的，大方、得体的装扮。晚间活动一般则要稍加浓抹方能显出自己对交往客人的尊重与礼貌。

需注意的第四要素则是性别与性格的差异。男士、女士有不同的化妆品，也有不同的装扮方式。一般来说，和女性相比男性较低度地把握自己的妆容，宜着淡妆。性格则是把握装扮方式的灵魂。化妆是表现性格的最好方式，文静与外露、高雅与华贵、朴实无华与雍容华贵、小家碧玉与大家闺秀皆不失为装扮的尺度，同时又是形态各异、各具特色的。绝不相同而又切合自我特色是化妆的最佳追求。

法则 19：注重面部清洁，让妆容魅力四射

外界各种刺激物、致敏物、微生物、污物等侵害、附着脸皮的机会比任何部位都大得多。而且从解剖、生理学来看，面部皮

肤有许多不同于人体其他部位的特点，因此，面部化妆品必须符合解剖生理特点，才可收到理想的护肤美容效果。因此，面部的清洁尤为重要。

和头皮一样，面部也多油。洁面一般三四个小时一次，冬季每天也应做两三次。皮肤油腻或特易染脏物者更要勤洗。如男性的面部是多毛部位，毛孔很多，既积垢纳污，又是污染物的入口，所以更要勤洁面。除非是特别干燥的皮肤和在寒冷季节，否则面部化妆品不宜用油性的，特别是男士的化妆品使用更要求质量高、油分少，无刺激、能抗菌。

盛夏时节炎热易出汗，不能洁面过频，以免使皮肤干燥或因而引起皮炎。中性或干性皮肤的人，可选择有保湿作用的洗面奶；油性皮肤的人，适合使用泡沫型的洁面乳，作用温和，深层除污垢，而且皮肤有湿润感，很舒适。

温水的适用性强，它能溶解皮脂，松弛皮肤，扩张血管，开放汗腺管口，促进排泄物排放，去污力较冷水强。对健康人，尤其是中性皮肤者，锻炼冷水洗脸很有好处（但须长期用冷水洗脸），才能保持皮肤持久光滑湿润。

洁面之后就是使用化妆品，面部化妆品同时能美肤。面部是呼吸、消化道的开口处，所以面部化妆品必须低毒或无毒，也不能有刺激性。面部血管、神经分布很丰富，所以面部很敏感，也容易因受刺激而发炎。用于面部的化妆品虽然可能本身无刺激性或致敏性，但加上日晒、虫咬和灰尘，很可能惹发皮炎。同时要注意，颜面化妆和五官化妆须统筹安排，配合默契，让面容美与五官美相呼应。

1. 面部化妆的基本方法

化妆的基本原理实际上是化妆品的选择法和施用法。面部化妆的基本要求是如何适应美容要求，如何扬长避短，突出优点，掩饰瑕疵。例如，匀明法和渲影法，是通过运用和调整色调的明暗，使面部及五官显得关系协调，高低大小适度，使其优点更突出，缺点得以掩饰。衬托法、遮盖法、填充法则是通过调整面容与发型的关系，使面容优点突出，缺点得以掩盖。

2. 淡妆与浓妆

了解了最基本的面妆方法的分类，还要会选择适合场合的妆容。面部化妆之所以方法复杂和难以掌握，主要是由于人的面容千差万别。每个人面部的优缺点不同，而又没有一套万能的、千篇一律的面妆法。同时由于现在社会生活的高节奏、高效率，要求化复杂为简单，提高效率，节省化妆时间。所以，相比较而言，淡妆就是一种好办法了。

淡妆比面部标准化妆的十步程序更简明，更省事。它只需对面部稍加修饰，在做了基本护肤保养的脸上，均匀地涂抹一款适合自己肤色的粉底。这样既能保养皮肤又能增姿添色。脸颊可薄抹一层胭脂，唇膏也宜淡而薄。匀称适度的淡妆给人一种整洁、大方、淡雅、舒畅的视觉享受。一位美容专家这样形容淡妆："淡妆的最高境界是虽化了妆，却好似没有化妆。"在时间紧张的清晨，有一种简易淡妆法，可以让你在短时间内容光焕发。它只有两个步骤，可以随时进行。首先准备保湿的湿巾，可以随时清洁皮肤，常备保湿水，当皮肤干燥时随时拍一些，补充水分；再是准备一瓶润肤乳液，净面后经常揉擦面部，可以为皮肤补充水和油，用以润肤。

浓妆是相对淡妆而言，其区别在于比淡妆在施妆的过程中认真些、正规些、全面些，化妆品涂的厚些、浓些，时间花得多些。浓妆适用于一些特殊场合的需要，如晚会、宴会、外事活动及喜庆节日等。浓妆所用化妆品一定要讲究，还要注意，浓妆必须与个人肤色、脸型、服饰及所处的环境相统一协调。浓妆更要讲究化妆技术，勿将生活中的浓妆与舞台化妆混为一谈。

3. 生活妆的主要操作步骤

一次面部标准化妆也就是最起码的生活妆，大体可分为以下十步操作。

（1）洁肤：用优质的香皂洗手，用适合自己肤质的洗面奶清洁面部皮肤。

（2）整肤：轻拍化妆水，补充水分，调整肌肤，让肌肤焕发光彩。

（3）护肤：面部涂适量乳液或者面霜。

（4）打底：均匀施上与肤色相近的乳液型粉底，若皮肤多油脂，可用粉饼多施一层。

（5）施粉：根据肤质的需要，可以选择用还是不用。要注意脸部的轮廓与颈部的色差。

（6）描眉：用黑色或咖啡色眼线笔画好眉毛，对眉形好而眉毛淡者用咖啡色睫毛油淡染眉毛效果更佳。

（7）画眼：这一步骤又可分解为三小步：一是用咖啡色眼线笔代替膏状影色涂于眼睑、鼻旁及面颊等需要产生阴影即凹陷效果之处，涂后用手指抹匀；二是用黑色眼线笔画出清晰的眼线；三是用睫毛夹夹好睫毛，涂上睫毛膏。

（8）唇妆：用咖啡色眼线笔勾好唇形，涂上与唇色一致的保湿唇膏，再上光泽口红，或者不用唇线，只用口红。

（9）胭脂：根据不同肤型、肤色、年龄、部位选择合适的胭脂颜色，涂抹时要注意涂胭脂部位与不涂处关系的协调原则。

（10）定妆：扑上厚薄适度、均匀一致的扑粉作为定妆。

法则 20：脸型与妆容，重在装饰和技巧

化妆不仅要综合年龄、肤色、肤质、职业等多种因素考虑，更要贴和脸型。一份好的妆容是与脸型密不可分的。具体来说，不同脸型的人化妆需掌握如下技巧。

1. 椭圆脸型的化妆技巧

椭圆脸型可谓公认的理想脸型，化妆时宜注意保持其自然形状，突出其可爱之处，不必通过化妆去改变脸型。胭脂，应涂在

颊部颧骨的最高处，再向上向外揉化开去。唇膏，除嘴唇唇形有缺陷外，尽量按自然唇形涂抹。眉毛，可顺着眼睛的轮廓修成弧形，眉头应与内眼角齐，眉尾可稍长于外眼角。

正因为椭圆形脸是无须太多掩饰的，所以化妆时一定要找出脸部最动人、最美丽的部位，而后突出之，以免给人平平淡淡、毫无特点的印象。

2. 长脸型的化妆技巧

长脸型的人，在化妆时力求达到的效果应是增加面部的宽度。胭脂，应注意离鼻子稍远些，在视觉上拉宽面部。抹时，可沿颧骨的最高处与太阳穴下方所构成的曲线部位，向外、向上抹开去。粉底，若双颊下陷或者额部窄小，应在双颊和额部涂以浅色调的粉底，造成光影，使之变得丰满一些。眉毛修成弧形，切不可有棱有角。眉毛的位置不宜太高，眉毛尾部切忌高翘。

3. 圆脸型的化妆技巧

圆脸型予人可爱、玲珑之感，若要修正为椭圆形并不十分困难。胭脂，可从颧骨起始涂至下颊部，注意不能简单地在颧骨凸出部位涂成圆形。唇膏，可在上嘴唇涂成浅浅的弓形，不能涂成圆形的小嘴状，以免有圆上加圆之感。粉底，可用来在两颊造成阴影效果，使圆脸消瘦一点。选用暗色调粉底，沿额头靠近发际处起向下窄窄地涂抹，至颧骨部下可加宽涂抹的面积，造成脸部亮度自颧骨以下逐步集中于鼻子、嘴唇、下巴附近部位。眉毛，可修成自然的弧形，可作少许弯曲，不可太平直或有棱角，也不可过于弯曲。

4. 方脸型的化妆技巧

方脸型的人以双颊突出为特点，因而在化妆时，要设法加以掩饰，增加柔和感。胭脂，宜涂抹得与眼部平行，切忌涂在颧骨最突出处，可抹在颧骨稍下处并往外揉开。粉底，可用暗色调在颧骨最宽处造成阴影，令其方正感减弱。下颚部宜用大面积的暗色调粉底造成效果阴影，以改变面部轮廓。唇膏，可涂丰满一些，强调柔和感。眉毛，应修得稍宽一些，眉形可稍带弯曲，不宜有棱角。

5. 三角脸型的化妆技巧

三角脸型的特点是额部较窄而两腮较阔，整个脸部呈上小下宽状。化妆时应将下部宽角“削”去，把脸型变为椭圆状。胭脂，可由外眼角处起始，向下抹涂，令脸部上半部分拉宽一些。粉底，可用较深色调的，在两腮部位涂抹、掩饰。眉毛，宜保持自然状态，不可太平直或太弯曲。

6. 倒三角脸型的化妆技巧

倒三角脸型的特点是额部较宽大而两腮较窄小，呈上阔下窄状。人们常说的“瓜子脸”“心形脸”，即指这种脸型。化妆时，掌握的诀窍恰恰与三角脸型相似，需要修饰部分则正好相反。胭脂，应涂在颧骨最突出处，而后向上、向外揉开。粉底，可用较深色调的涂在过宽的额头两侧，而用较浅的粉底涂抹在两腮及下巴处，造成掩饰上部、突出下部的效果。唇膏，宜用稍亮些的唇膏以加强柔和感，唇形宜稍宽厚些。眉毛，应顺着眼部轮廓修成自然的眉形，眉尾不可上翘，描时从眉心到眉尾宜由深渐浅。

法则 21：妆容分场合，关注的目光自会多

总体来说，妆容可分为淡妆、时尚妆、古典妆、盛妆等。不同的妆容适合不同的场合。要因人而异，也要因地制宜。

1. 淡妆适宜的场合

淡妆是指面部较为浅淡的修饰化妆。它比较适合白领或办公室人员正常工作时打扮。工作的场合是很严肃的，若你在工作时涂抹上鲜红的嘴唇，香水味浓烈，眼影艳丽等，就会引来人们的不解之光，因为你与周围的环境非常不协调；而如若你化一层较淡的淡妆，均匀地抹画，淡淡的眉毛，口红再涂薄些，颜色淡些，产生一种“妆色有无中”的效果，那就会给人一种自然、生动的真实感。这样，你不仅使自己得到了修饰，给了别人视觉的美感，而且又能与周围的环境协调起来。淡妆除了适合一般工作环境外，还可适于以下几种情况。

在白天自然光的照射下，光线充足对面部底色和五官的修饰，都应化淡妆，尽量使化妆品在脸上不引起人们的注意，力求达到一种“自然美”的效果。

小空间内，人与人之间的距离很近，为了追求一种近距离的美感，适宜化淡妆。

衣着简单时，为了取得协调一致的整体效果，可以化淡妆。

在晚上的绿色光线下适宜化淡妆。因为绿色光线（日光灯有绿色色调）使所有颜色看起来都发暗，红色变成褐色，所以化妆应该比平时要淡。

外出旅游时，适合化淡妆。一方面，因旅游是在大自然的阳光下，色调比较柔和明快，淡妆能适应环境；另一方面，化淡妆可与旅行时的服装相协调。

总之，在适合的环境下化淡妆，会让人感受到一副自然生长的面孔，让人觉得大方、利落。

2. 时尚妆的使用场合

所谓时尚妆，就是要有创新，有个性的展示，有时代气息，符合现代潮流。时尚妆随意性比较大，化妆时可按自己的思想任意发挥，平庸俗气不是时尚妆。因此，使用时尚妆时要注意与发型、服装一起作整体造型，通过强烈的色彩搭配来引人注目。对面容的修饰要强调选用的粉底颜色，与肌肤相调和，且有光泽；口红最好用褐色或者金属色，突出上唇的山形，使下唇轮廓呈柔和曲线；眉梢可略微加粗，眉梢稍倾向下方，要凛冽，不要柔和；眼睛的修饰尽量使用睫毛膏，并加强眼影，以体现现代感；最后在颧骨上要使用颜色鲜明的胭脂并向下侧晕染。如此夸张的化妆手法，一定会产生强烈的时代感，再配以现代舞会上闪烁不定的灯光，奔放的音乐，漂亮的服饰，定能够产生突出的效果。

3. 古典妆的使用场合

古典妆是指化妆时应该遵循传统习惯，体现精致，使自己保持一个气质高雅、娟秀娇丽的容貌。参加正式、隆重的舞会或社交场合时适宜化古典妆。一般来说，古典舞会的灯光是暖色调，不强烈。因此，粉底应涂得稍厚些，以掩盖脸部的瑕疵；眼睛眉毛都要精心修饰；胭脂可色彩强调一些；口红的色彩可艳丽些，也可采取珠光口红，但是要按照服装的颜色来确定具体口红的颜色。这样精细的妆容，既能与舞会的环境气氛相融洽，又能给人一种古雅、秀丽的感觉。

除此以外还有盛妆。一般在结婚、照相、舞会、晚宴、时装表演及陪外宾的场合适用。快速妆则是在短时间内以最快、最简单的方法化妆。这都需要根据场合的实际情况而定。

法则 22：完美的鼻型，塑造完美的形象

随着人们审美标准的提高，对鼻型的修饰也越来越重视。一般来讲，标准的美鼻要符合“三庭五眼”的比例，即面部三分法：鼻长的长度是面长的1/3，鼻端的宽度是面宽的1/5，越接近这一比例的鼻子越具有协调美。

标准鼻型最理想的外鼻长度为面部长度的1/3，鼻头一般为6 ~ 7.5厘米，鼻子长度与鼻头的比例约为1：0.67。

标准鼻线一般不能低于9毫米，男性约为12毫米，女性约为11毫米，鼻头与鼻梁突出1~2毫米。

标准鼻头侧面鼻头与下巴连成线时，与上嘴唇相差约2毫米，与下嘴唇相差约1毫米。理想的侧面鼻小柱与人中呈95~100度，鼻头与鼻小柱呈30~45度。

鼻小柱与上唇人中呈90度。正常形态为球形，鼻尖与鼻孔比例约为1：2。

在面部五官中，鼻子无疑是最突出的器官，无论从正面还是侧面，鼻部的线条都会影响面部的整体轮廓，只有360度无死角的英挺美鼻，才能将面部的立体轮廓展现得淋漓尽致。

现在隆鼻的求美者都要求说，一定要做出一条完美的海鸥线。

什么是海鸥线？所谓“海鸥线”，就是指正面看鼻子时，即鼻头和两边鼻孔上缘连成的线。理想的鼻头位置，会比鼻翼稍低，连成的线就有如展翅的海鸥，因此得名“海鸥线”。

对于鼻子的修饰常见有如下几种。

1. 短鼻的修饰

短鼻使整个脸部感觉短促，所以我们的目的是要将短鼻在视觉上加长。其中一种方法是可以从上眉尖处纵向晕染至鼻头，用色彩的纵向感，引导人们的视线上下移动而感觉鼻子的长度有所增加；另一种方法是改变眉形，可以提高鼻根的位置，将眉头稍向上抬。应注意加强塑造鼻梁的立体感，减弱鼻翼色彩，还可以在发式上配合鼻侧影的妆饰。

2. 长鼻的修饰

长鼻的修饰该从以下几个方面着手：一是降低眉头，这样做可使鼻根相应偏低；二是要用淡色胭脂从内眼角至上眼睑的部位上晕染，不要向眉尖延伸，也不要向鼻头延伸；三是与其他部位的配合与衬托。

3. 鼻梁不正的修饰

如果鼻梁偏左侧，则可使右上部鼻影色比左上部鼻影色稍重，同时，加强歪向左侧鼻翼上的影色，反之亦然。

4. 塌鼻梁的修饰

可在眼角处加鼻侧影，一般选用深于肤色的浅棕、棕红、紫褐色等，以衬托鼻梁的高挺。鼻侧影的上端与眉毛衔接两边同眼影混合，下方则消失于底色，鼻梁上则可涂明亮的颜色，但晕染面积不宜太大。若再配合用假睫毛，会使塌鼻梁显得更加高挺美妙。

5. 狮鼻的修饰

狮鼻由于鼻尖两侧的大鼻翼而显得缺乏挺秀感，要将鼻翼修饰得灵巧和窄些，可以用颜色的深浅来调整鼻子的局部形象。将略深于肤色的鼻影色从眉端起沿鼻梁一直晕染到鼻头，同时用略浅的明亮色晕染于鼻翼和鼻尖，可以很好地掩饰缺陷。

法则 23：完美的唇型，塑造完美的形象

嘴唇特别容易粗糙、干裂，因为嘴唇没有皮下脂肪。因

此，美唇的前提是唇部保养很重要。唇部的保养就是要保持唇部的湿润。

首先要注意清洁，平时多饮水，要戒掉不良习惯，如舔唇、喝咖啡、吸烟等。

再就是要坚持唇部按摩。按摩时，先在上唇涂足够的专用唇部按摩膏，然后将食指的指尖放在上唇中部的人中处，食指指肚正好贴在人中上面，并用同一手的中指压住一边嘴角，而大拇指压住另一边嘴角。拇指和中指稳稳地向按人中的食指会合，三指在挤压上唇过程中，使上唇的肌肤得到锻炼，变得结实丰润，不易起皱，此按摩可重复十次。

最后是保养，由于唇部没有脂肪和表皮脂质滋润，所以皮肤柔嫩容易缺乏水分、干裂、老化。任何化妆品抹在上面的时间过长，或使用过量都会使它有所损伤。所以涂唇膏前，可先涂点冷霜或滋润的唇膏之类的化妆品，这样可以避免有色唇膏直接接触嘴唇，减少过敏的可能。卸妆时，先施以清洁霜，再用纸巾，可减缓刺激损害唇部皮肤。每天临睡前应在卸妆后的唇上涂橄榄油等，以保证嘴唇的休息与滋润。

俗话说“眼取其神，唇取其色”，作为面部最灵活部分的唇，其唇色最能展现女性的风采。光滑红润会给人一种青春的美感；娇艳欲滴给人一种狂野的性感美；颜色柔美的朱唇，最能突出女性的温柔。而唇膏在这里就起到了举足轻重的作用。

1. 确定唇型

在进行唇部化妆之前，先要对着镜子找到自己的最佳唇型，然后考虑脸型、五官的比例结构是否适合，并找出需要改变和调整的部位，制订一个明晰的方案，不要盲目模仿和盲目改画理想唇型，适合自己的才是最好的。

唇型线条若锋利明快，呈现直线美，显示敏锐及干练；柔和圆润富有曲线美，给人温柔、纯静等印象；小巧的唇型，会显得聪敏秀美；而厚实柔美的曲线唇型，会使人感到直率、热情和妖媚。

唇型线一般有以下三种画法。

（1）1/2型。嘴唇山形最高峰处恰在口角和中心线的中间，其特点是上下唇线轮廓匀称饱满，口部动静兼宜，美观别致，是一种理想的唇型。

（2）1/3型。呈山形，起伏深。此类唇型给人以感情丰富的感觉。它以唇线的最高点为特点，即这种嘴型的最高点在唇中到外嘴角的末端距离的1/3处。

（3）3/2型。上唇的山形高峰在唇中央到口角2/3处，有时有缓和优美的微笑感，有时又有高傲感。使用这种唇型，要注意不要太强调嘴唇的山形峰，否则会产生唇型不正之感。

另外，选择唇型要配合不同的脸型，还要考虑比例关系，如宽且长的脸型不宜画短而薄的唇型，窄而瘦的脸型则不宜画色彩浓重的唇型。

2. 上唇膏

嘴唇的清洁、干燥很必要。如果唇上有旧唇色的痕迹或其他脏物，会影响唇膏的色泽，一定要先用纸巾擦净；如果嘴唇不干燥，则不容易上妆。准备工作做完后，就是画唇线。画好唇型后就可以涂唇膏了。

涂唇膏的要领是先从上唇的两侧向唇中涂，再从下唇的两侧向唇中涂，由外缘逐步涂向内侧，直到全部涂满。涂唇膏时，抹上第一层后用面巾纸轻轻按压一下，吸去浮色，再涂上第二层唇膏。这样唇红就会保留的时间长些。溢出唇型外的唇膏，要用纸巾等小心擦去，勿影响已画好的唇线。有理想的完美的唇型是每个人都希望的，如果能掌握好画唇的技巧，就可以利用唇膏来矫正唇的形状，使人的眼睛有视觉上的误差，就能达到造就一副有魅力的唇型的效果。方法如下所述。

小唇变大。可使下唇嘴角周界略微扩展，颜色和上唇同色调，要注意扩展出的部分唇红色可涂得浓些。

大唇变小。先用粉底色掩盖唇廓，然后再用唇线笔勾画出小于原唇型的轮廓，再在唇型内涂满明亮的唇红，注意上唇曲线不要太明显。

厚唇变薄。在唇型外部，用粉底色或掩盖色把多余的部分盖去，然后用唇笔按轮廓形状在内侧勾画，并涂满唇红，唇红的选色要深一些为好。

薄唇变厚。用唇笔在唇轮廓外部1 ~ 1.5毫米处平行描画轮廓，用较深的唇红涂于周围。

上下曲形的修正。上曲形是把唇角提高约 5 毫米，唇色到中间部位稍深，下唇角比上唇角颜色稍淡些；下曲形则相反。

唇色过暗。可选用鲜红、橙红等有亮度的颜色，也适用年龄较大的；而唇色鲜艳又富有青春气息的人，只须用较淡的自然唇色，如粉红色等。

法则 24：唇部和双眉，男士化妆的重点

男士重要的情感表现部位除了眼睛，就是嘴唇。健康的嘴唇时刻焕发健康润泽的色彩，因此柔软饱满的嘴唇是男士的保养目标。给人留下不健康的心烦意乱的印象，是干裂脱皮褶皱太深的嘴唇。“唇膏是女性专用品”的观念应该被解除，男人同样需要关爱、需要唇膏。平日里不妨在衣兜里带上一支防裂唇膏，经常地涂抹双唇，不要等到干裂了以后才去关心保养。

在日常淡妆中，男士嘴唇的修饰不能与女性相同。女士可以将口红涂得艳丽诱人，也可以利用唇膏纠正不完美的唇型；而男士的唇色宜暗不宜艳，宜深不宜浅，唇线也不可以太清晰规整，否则会显得不自然。身体健康的青年男士的唇色是比较红润和有光泽的，所以，一般不需要用有色的唇膏，只需经常涂一点无色唇膏，保持湿润就可以了。

如果健康状况不太好，嘴唇可能出现没有血色的情况，这时就需要选用有色唇膏来弥补，其颜色以比较容易与肤色协调的肉色和棕红色为好，显得真实自然。

在男士的整个面部化妆中，可以修饰的部位不多，眉毛的位置就显得十分重要。由于眉毛的修整可塑性较大，也容易留下人为的痕迹，所以男士忌讳画眉、描眉，最好保持自然眉型。在不破坏自然眉型的前提下可以做适当的修剪。如：眉型过宽，可以沿下部拔去一周，使双眉变得修长；眉型过浓，可以用眉毛夹顺着眉毛生长方向，均匀地剔除一部分；若两眉间距离太近或上眼皮长有稀疏的毛，会给人压抑沉闷感，也可以拔除多余的眉毛。镊子在眉弓缝间隔拔去少许（一根根拔），使杂眉型呈规则自然的形状。把眉中不均匀的部分也拔出少许，使眉头至眉尾较为均匀。常用牙刷或眉刷梳理眉毛，少数向下的眉可以再刷上少许透明眉胶向上梳理成整齐的流向。

对于稀疏残缺的眉毛，只有在出席晚间的活动时，可以模仿女性画眉的方法修饰眉毛，把眉笔削尖，严格按照眉毛生长的方向一笔一笔地补画，使每一笔都尽量与天然眉毛相似，每笔之间空隙均匀，画出一种立体感，而且颜色要比自身眉毛略淡一点。这样画出的眉形由于晚间光线不太强烈，一般看不出真假。但是在白天，补画的方法是绝对不可取的，眉色太淡的人可以用眉色刷刷上深棕或深灰色眼影，擦在稀疏的眉毛根中间或残缺部位，然后用小手指轻轻抹匀，用色要薄，不要溢出自然眉型之外，修补之后，眉毛会变得浓密漂亮许多。

男士在修整双眉时，着重掌握的一条原则是不要较大的改变自己的眉型。因为无论是拔除、修剪，还是晕染、描画，都不可能达到天衣无缝的程度，任何造作的痕迹都会有损天然美，甚至会损害阳刚之气。

法则 25：眼型与眉型，重在互相衬托

“芙蓉如面柳如眉。”古人认为美人的眉应似柳梢。现代人的审美眼光固然不同，但对眉毛形态的重视，仍一如往昔。故有人说，使眼睛美丽的第一步，就是眉毛的形状。眉毛可以使眼睛显明，表现面貌的个性。

1. 长方脸型的眉

为弥补过长的脸，需要在面部有一道横向线。以静止线为基础，横着化妆成水平形，即眉头稍离开眼角些，眉型不要太明显，要自然弯下，眉尾不可有弯角或翘起，眉梢略向下，以减少脸部的长度而显得平满些。此种脸型可选择新月形比较理想。由此产生的视错觉，会使脸型显宽。画眉时要稍粗些，细了会使人显老。

2. 方脸型的眉

适宜修饰成线条柔和而圆润的眉型，可着意将眉峰修弯，将

眉型拉长，眉梢可略向外延伸，以扩展脸型的上半部，减弱脸下半部的方形感。

3. 圆脸型的眉型

要使脸显得长些，应竖向发展，即眉头起点稍低，与眼角保持垂直，眉要向斜上方发展，可描成上升眉，眉的粗细以粗为宜，细了会增加圆脸的醒目感。当超越眼尾时，则自然垂下，不宜过长，画成柔和的弧形，以取得和谐的感觉。切忌不能画直线眉，以免使脸型变得更短，破坏美感。理想的是选择剑形眉作为修饰标准，以增添脸型的长度感。

4. 椭圆形脸的眉

此种脸型和眉毛最容易搭配。这种脸型又称鹅蛋脸，是女性最佳脸型之一。我国自古就以椭圆形的脸型为美。这样的脸型可以按照自己喜爱和理想的眉毛位置来画。一般画成眉毛与眼睛平行即可，如若配以柳叶眉或新月眉则效果更佳，有古典的味道。

5. “由”字脸形的眉型

适宜的眉型的画法应当是眉峰的位置略向下移，眉型适当向脸廓外缘延长些，保持一定的弧度，而且眉毛尽量画得有立体感与层次感。

6. “甲”字脸型的眉型

与“由”字形脸的眉型正相反，眉毛的修饰不应过分强调棱角，应画成自然柔和的圆弧形，眉峰可略偏向内侧，眉梢应为淡色，且长短要适中。这可使“甲”字形脸在人的视觉上减弱上大下小的感觉，显得匀称和谐。

眉毛的造型、生长方向、色泽深浅对眼睛的表达力会产生影响。特别是女性，理想的眉毛是粗细与眼型相配，故应以眼型为模板描画自己的眉型，以达到妆容整体协调的效果。

自古以来世人就颇为重视眉与眼的相配性。早在我国西汉时期就有描眉画眼的记载。颦笑愠怒都可从眉眼上表现出来。人们常以“眉开眼笑”“横眉竖目”等含有眼和眉的成语来表达人们不同的面部表情。可见，眉眼是表达感情的重要途径。不仅如此，眉毛的颜色与形态，也影响着人的整体相貌。人们通常以“浓眉大眼”来表示男子俊美，以“娥眉细眼”来表示女子的美。正是为了追求这种美，人们才注意眼睛与画眉的关系。

例如，一双丹凤眼，则眉毛宜平直，眉梢稍向上挑，切忌不要画成下斜眉。如果为掩饰下倾的眼，应画成眉尾稍向下斜，眉峰弯成自然弧度的眉型。

可以想象，如果把眉型画成上挑的，会增加眼睛与眉毛之间的距离，使眼睛显得更加下斜。如果眼睛又大又黑，则眉毛不应过细过淡；如果眼睛细小，一定不能画一双浓黑粗大的眉毛，否则会给人不协调的感觉。

还有，眉妆的选择还要根据眼睛的妆容，如若眼妆浅淡，眉妆也应细淡；如若眼妆明亮，色彩艳丽，眉毛就不应太淡，否则会给人轻重不一，缓急失调的不和谐感。总之，眉毛与眼睛的化妆相一致，才能取得最好的化妆效果。

在人的面部美容化妆时，画眉是不易掌握的。懂得一定的步骤和技巧，才能有好的效果，不然会起相反的作用。基本的画眉技巧和步骤如下所述。

1. 清洁。先用眉刷轻刷双眉，将眉毛表面的皮屑或化妆品残留清除。使双眉保持自然，然后用温水浸湿的棉棒或使用热毛巾将双眉盖住，以使眉毛及周围的皮肤松弛，将多余的散眉毛拔除，为开始画眉做好准备。

2. 选择。画眉之前，要先根据自己的脸型和眼睛选出适合自己的眉型，画眉前在自己心中先有一个大致轮廓，然后再描画。

3. 画眉。先从眉头开始，根据眉毛的自然生长方向描画，从底边斜着向上画，顺着眉腰往眉峰画去，画到眉峰处时，则要从上向下画，直画到眉梢处再逐渐减淡消失。

4. 注意。画眉时下笔要轻，笔道要均匀，不要一头重一头轻，上下眉道的方向接得要自然柔和，特别是眉毛最深处，要一根一根地去画，力求画出和真眉毛同样粗细、同样方向的线条，以真实、自然体现出立体感、生动感。画眉是为了使不甚完美的眉毛变得与眼相配，显得完美些，但完美的同时不应失真实，如若画得痕迹太浓，让人一看是画的眉，则失去了美感。

5. 收尾。用眉笔画完之后，还要用眉刷将眉笔画的眉毛按照画的方向整齐地轻刷一次，使眉毛的笔道变得圆滑一些，与真眉毛柔和地结成一体。

法则 26：睫毛和眼影，重在相互晕染

1. 睫毛修饰

为了使睫毛更加美丽动人，可以对睫毛进行精心适当的修饰。睫毛的修饰方法有：使用睫毛夹、睫毛膏及假睫毛。

（1）使用睫毛夹

使用睫毛夹卷压眼睫毛，可使睫毛翘立高于睑缘，扩大上眼睑的弧度，使用睫毛夹时，眼睛应向下望，镜子放在稍下方，然后稳定小心地夹。夹住并卷曲睫毛要分三个步骤：先着力卷睫毛根部，再卷中间，最后轻轻卷睫梢，边移动边夹卷，这样就不会伤及睫毛。

（2）粘贴假睫毛

粘贴假睫毛一般用于晚妆、新娘妆、宴庆妆、舞会妆及娱乐妆。使用假睫毛，人总感到有些虚假，怎样才能显得自然呢？关键是要选择适合自己眼睛的假睫毛，并要对其进行修整。先量一下需要的假睫毛的长度，把多余的剪掉；再弄软假睫毛，这样容易贴装。有两种粘贴方法可使假睫毛看起来自然：一是将假睫毛剪成若干小段，然后用镊子夹一段涂了乳胶的假睫毛，灵活地将它粘在原睫毛边上；二是粘贴假睫毛时，不一定从内眼角一端一直贴到外眼角一端，在内眼角留空一段不贴，往往使效果更自然。

取假睫毛时，不能只拉着几根睫毛往下撕，这样原来的睫毛容易随着脱落。正确的方法是用手指提住睫毛的一段或一端，轻轻地、利索地一拉。也可用手轻轻揭起眼尾睫毛的底线，然后用手指尖捏住慢慢地揭起。取下后，应立即除掉乳胶，然后理顺成形，放在化妆盒里以备再用。

（3）涂睫毛膏

在睫毛修饰好之后，在视线明朗的阳光下，睫毛刷从上眼睑睫毛的根部向睫梢边按边涂，刷子要与睑缘平行。这个部位用膏不能过多；涂得要极薄，否则卷好的睫毛会恢复原状，也可能粘上定妆粉，看上去像白毛。镜子放在下面，视线向下，然后再把上眼睫毛向上挑着涂抹，睫毛刷要勤转动。涂下眼睫毛时，镜子要放得高些，眼睛向上看，鼻子向下拉长，脸上的皮肤就平了。

2. 晕染眼影

眼影是眼部化妆必不可少的。眼影是指人们在化妆时涂于眼睛周围的颜色，有阴影色、亮色、强调色、装饰色。晕染眼影有修饰眼形、丰富面部色彩的作用。它的效果是由明暗两种基调来决定。掩盖缺陷的部分用“渲影法”，即暗色调；而体现优点的部分则是用“匀明法”，即明色调的眼影粉加以强调。

（1）晕染眼影的方法

阴影色制造的效果是染用后使部位显得窄小、深凹，有暗灰、深褐、深蓝、深蓝灰、紫灰、深棕等；亮色可使眼睛某个部位显得突出而丰润，其中白色、淡粉、灰白、米色、淡黄等颜色属亮色系；强调色的目的是为了突出某个部位，其关键在于色彩的比例搭配；装饰色重视色彩的运用及搭配，如蓝紫色、淡红色等将红色系的眼影涂在眉骨处，有年轻的气息，很受时下女士的喜爱。

有时眼影抹上不久就消失了，这是由于皮肤比较干燥造成的。如果经常不加润饰地使用粉质眼影，会使皮肤更加干燥，产生皱纹。正确的方法是先涂一层润肤蜜打底，再上眼影粉，或直接选用乳状的眼影剂。如需在短时间内上眼影，还可以用眼影笔，但必须选择笔芯柔软的；否则，不但不易着色，还会划伤皮肤。接近眉毛的部位用明亮色，眼下部位也用深色。一般同系列的两种颜色，能表现一种安详古典的优雅气质。

晕染眼影的使用部位不同，产生的效果也不同，例如：

把深色眼影涂于眼睑沟内，作用是扩大和强调眼轮廓，如果涂浅色眼影，可以使双眼皮的形象更加清晰；

在上眼睑缘至眉毛下沿全部使用与肤色和谐的眼影，目的是在整个脸部形成一个统一完整的有韵律的色调；

在内眼角涂深色眼影，能与鼻侧影融合，加深鼻梁的挺直和内眼角的形象；

在外眼角涂上深色眼影，可改变眼睛的外形，使眼睛结构清晰明确，更加迷人，但眼距过宽者，则不宜在外眼角涂深色眼影。打眼影必须使用眼影刷，只有这样才能做到精细美观。

（2）用眼影掩饰眼型的缺陷

画眼影的具体方法是，在上眼皮从眼角沿眼周向眼尾抹眼影色；在眼尾处逐渐减少，向眉梢一带染开；在眼角一带抹眼影色，用眼影刷晕开；在眉弓骨及上眼皮中部染眼明色，有时可用微亮的眼影色涂染于全眼皮；用胭脂刷从眼角到鼻梁侧抹鼻影；下眼皮用眼影刷从眼尾向眼角方向细染约1/3，最后用眼影刷从下眼皮刷向眼角方向。

眼影正确的使用可以在一定的程度上掩饰眼型的缺陷。

法则 27：精选香水，为形象增色添香

香水是男士和女士常用的化妆品。香水的基本功能是除臭、添香，还能止痒、消炎，有的香水还能杀菌。香水越来越用于人们的日常社会交往，以增加个人的魅力，有时也用于生活居室环境美化。

1. 香型

香水的香型，千变万化，随采用香源的不同而异。目前世界上主要牌号的香水有400多种，分属20多种香型，主要有花香、果香、木樨香、洋香、橡苔香等。以天然花香为主调的称花香型香水；根据调剂者的想象配制的称幻想型香水。花香型香水中以玫瑰、紫丁香、茉莉、铃兰等单一花香配成的称单离花香型香水；以几种花香调和制成者称花束型香水。男性专用香水叫古龙水。因它首创于德国科隆而得名。古龙水的赋香率远低于香水，即其

香味不及一般香水浓郁。

鉴于民族、地区、性别、年龄以及经济地位的不同，对香水的要求也不大一样。例如，美国人喜欢浓郁的馥香型和木馨香型；欧洲人喜欢柑橘、薰衣草、木樨香型。这些香型幽雅脱俗。而东方人一般喜欢淡雅清馨的花香型香水。如兰花、玫瑰、檀香香型，被称为“东方型”。香水类的产品还有花露水、化妆水、紧肤水、美容水等。就其作用看，花露水主要是除汗去臭，可在浴水中洒用，对皮肤有止痒、消毒、杀菌之功效。化妆水、美容水、紧肤水之类一般都含有皮肤营养剂，如人参、维生素及某些中草药，搽后能软化皮肤、收敛毛孔、消除皱纹，且香味芬芳。

2. 香水使用常识

香水一般搽在不完全暴露的耳根、颈后、臂弯、膝盖等处较适宜。这样既能散发香气，又能保护皮肤。香味随肢体转动而飘溢散发，使环境空气倍加清新。香水不可洒得太多，太集中。最好在离身体20厘米处喷射。炎热的夏天，出汗后不宜再使用香水，否则香水和汗水混在一起，反而产生不清新、不舒服的感觉。头发、腋下、额头等多脂多汗处以及鞋袜内忌洒香水，以免味道混合刺鼻，适得其反。一次最好使用一种香水，最多只能同时用两种，不宜几种共用。一般来说，年轻的女性宜用清香型，中年以上的女性宜用浓香型。切忌将香水洒在衣服上，特别是浅色的衣服经日晒后会出现色斑，较好的方法是在衣柜里挂块浸了香水的纱布，使香水自然地散到衣物上。不要把香水直接洒在头上，应滴在盆中，然后再用水来冲洗头发。

3. 香水使用场合

不同的场合要使用不同香型的香水。参加晚会要淡雅些，出席婚礼应浓烈些。对某种气味过敏和感觉不适者，应换另一种或停止使用。正确选用香水是以使用为前提，要学会鉴别不同香型的香水味，也要会嗅闻同一瓶香水刚打开时、中间和最后散发出的不同香味。香水有强烈挥发性，故应密封，用后要盖紧瓶塞，避光保存于阴冷处。尽量不使空气入瓶，保存得好，越陈越佳，越陈香气越馥郁。

第四章

用丰富表情传情达意：

让无声语言深入人心

身体语言分为表情语言和动作语言。表情语言类。是通过人的脸部各种各样的表情来传递礼仪。人的脸部是人世间最丰富多彩的一道风景线，包括眼、眉、嘴、鼻、颜面肌肉的各种变化以及整个头部的姿势等。例如，人的眼睛是人的表情语言中语汇最丰富的，“眼语”像灵魂的一面镜子，通过眼睛可以观察到对方是否喜欢你、支持你。比如，深沉的注视表示崇敬，横眉冷眼指仇敌，眉来眼去指情人暗送秋波。

法则 28：微笑是世界上最受欢迎的语言

无论在任何时候、任何场合，微笑都是拉近人与人之间距离的最有力法宝。如果你掌握了必备的说话技巧，把话说得恰到好处，你就能跟任何人都聊得来。如果你能做到跟任何人都聊得来，那么，成功指日可待。

事实证明，一个真诚的微笑能瞬间增加与他人的亲密感。

微笑是人类特有的动作，形成于人类幼年时期。猴子与猿的幼子可以攀附在母亲身体上，而人类的孩子需要其他的什么有助于让他们与母亲接近，因为他们无法攀附在母亲身上，他们必须以某种方式使母亲愿意亲近自己。于是，他们施之以迷人的微笑。

在进化理论中，微笑是害怕的表情，也是向两侧拉动嘴唇的唯一面部动作。但这一特有的表情发生了微妙的变化，从“我害怕”“我不具有进攻性”变成了“我是友好的”。在这一过程中，动作的外形也发生了轻微的变化，从而避免友好的面容与害怕的面容之间的混淆，也就是在向两侧拉动嘴唇的同时，上扬嘴角。

一位诗人说：“我最喜欢的一朵花是开在别人脸上的。”微笑就是盛开在人们脸上的花朵，微笑是升起在人们心中的太阳，是一个人能够献给渴望爱的人们的高贵礼物。当你把这种礼物奉献给别人的时候，你就能赢得友谊，还可以赢得财富。

西班牙内战时，一军官被俘。在即将被处死的前夜，他掏出仅有的半截香烟，想吸上几口缓解临死前的恐惧，却没有火。在他再三请求之下，看守总算毫无表情地掏出火柴，划着火。当四目相对时，军官不由得向士兵送上了一丝微笑。令人惊奇的是，那士兵在几秒钟的发愣后，嘴角也不太自然地向上翘了，最后竟也露出了微笑。后来两人开始交谈，谈到了各自的故乡，各自的妻子……最后，那士兵竟然动了感情，并悄悄放了他。

西方一位心理学家做过微笑训练的实验，要求参加者每天坚持对人微笑。一个月后，有人感激地说：“我每天坚持这样做。刚开始时，大家感到惊讶，后来习惯了。这个月家庭中得到的快乐，比过去一年中得到的还多。现在我已养成习惯，而且我发现人人对我微笑，以前对我冷若冰霜的人现在也显得热情起来了。”

多么奇妙的笑啊！它可以沟通心灵，融洽关系，驱走阴霾，使你的生活充满阳光。为什么小小的微笑在人际交往中有如此大的威力？原因就在于这微笑背后传达的信息是：“你很受欢迎，我喜欢你，你使我快乐，我很高兴见到你。”请问，谁不喜欢这样的信息？

中国有句古话：“人不会笑莫开店。”外国人说得更直接：“微笑亲近财富；没有微笑，财富将远离你。”

对我们每一个人来说，微笑轻而易举，却能照亮所有看到它的人，像穿过乌云的太阳，带给人们温暖。让我们微笑吧，微笑着面对生活，面对周围的人：

每天早晨上班前对你的家人微笑，他们就会在幸福中盼着你的归来；上班时向门卫微笑着点个头，他会友善地还你一个欣赏和尊敬的微笑。

每天遇到同事主动微笑，打个招呼，你也会人气急升。

开车并线时，摇下车窗，向侧后面司机点个头，微笑一下，还有人会不让你吗？

餐厅里吃饭时，服务小姐倒完茶后，微笑着对她说声：“谢谢你，茶倒得真好。”尽管那是她应该做的工作，可是，她会觉得你的微笑和问候是额外的奖赏。

当你每一次奉献出微笑的时候，你就在人类幸福的总量中增加了一份，而这微笑的光芒也会回照到你的脸上，给你带来方便、快乐和美好的回忆，何乐而不为呢？

法国作家拉伯雷说过这样的话：“生活是一面镜子，你对它笑，它就对你笑，你对它哭，它就对你哭。”如果我们整日愁眉苦脸地生活，生活肯定愁眉不展；如果我们爽朗乐观地对待生活，生活也一定以灿烂回报。所以，不要吝啬你的微笑，它是接近人际关系的制胜法宝。

法则 29：用最生动的眼睛说出最动听的话

人们常说，眼睛是心灵的窗户。一个人内心什么状态，很大程度上可以通过眼神传达出来。一个人是否显露出兴趣，是否心不在焉，是否在思考，是否退缩，是否理解，是否困惑，是否确知答案，或者处于莫名其妙状态，这一切都通过眼神信息传达出来。

事实上，通过眼神来传情达意，是一种普遍的心理现象，自然而然地运用眼神，来表达 对周围一切事物的复杂情感。喜怒哀乐，悲欢离合，都会从微妙变化的眼神里真实地流露。

在人际交往中，目光接触也发挥着信息传递的重要作用。不同的目光，反映着不同的心理，产生着不同的心理效果。假如你有如下表现：一旦被别人注视而将视线突然移开，会将你的自卑暴露无遗。如果你无法将视线集中在对方身上，并很快收回视线，会暴露你内向的性格，给人不善交际的感觉。在听别人讲话时，切勿一面点头，一面却将视线集中在别处，这只会给人感觉你对来者和话题不感兴趣。在说话时，你要将视线集中在对方的眼部和面部，这才是真诚的倾听、尊重和理解。如果你正忙于手中的活计，不看着对方，就是怠慢、冷淡、心不在焉的流露。

一般情况下，仰视对方，是尊敬和信任之意；俯视他人，是有意保持自己的尊严。伴着微笑而注视对方，是融洽的会意；随着皱眉而注视他人，是担忧和同情。面无悦色的斜视，是一种鄙意；看完对方突然一笑，是一种讥讽；突然圆眼瞪人，是一种警告或制止；从头到脚地巡察别人，是一种审视。彼此心存好感的两人说话，更注视对方的眼睛，以示寓意通达；话不投机的人相遇，一般都尽量避免注视对方的目光，以消除不快。有人在交际中，喜欢戴太阳镜，即使在室内或阴影下，也不将眼镜摘下，是因为他不愿让别人从他一双眼睛发现他的秘密。但是，戴着深色眼镜与人交往，目光不能等同的接触，会造成一些隔膜和不悦。

眼神和心理，是交往中引人注目的一个课题，注意在实践中领悟的运用，是有价值的。如果你希望给对方留下较深的印象，你就要凝视他的目光久一些，以表自信。如果你想在和对方的争辩中获胜，那你千万不要把目光离开，以示坚定。如果你不知道别人为什么看你时，你就要稍微留意一下他的面部表情的目光，便于采取对策。如果你和别人碰面，觉得不自在，你就要把目光移开，减少不快。如果你和对方谈话时，他漫不经心而又出现闭眼姿势，你就要知趣暂停，你若还想做有效地沟通，那就要主动地随机应变。如果你想和别人建立良好的默契，应60%～70%的时间注视对方，注视的部位是两眼和嘴之间的三角区域，这样信息的传接，会被正确而有效地理解。如果你想在交往中，特别是和陌生人的交往中，获取成功，那就要以期待的目光，注视对方的讲话，不卑不亢，只带浅淡的微笑和不时的目光接触，这是常用温和而有效的方式。

古语有云，“十分面相，七分看眼。”可见眼睛，在五官中占有非常重要的位置。人们可以从一个人眉眼的形状及神韵来观察他的气度、个性、运势精神、气魄、胆识、富贵、等等。

所以俗话说，眼睛是会说话的，眼睛也是掌握异性缘的指标，而你的眼神更会让你的心意无所遁形。假如，眼睛频繁地向下看，因而给人一种谦虚的感觉。如果在对话中的相互注视较多，则会给人一种十分自信的感觉。

在不同的国家，对眼神的理解也不同。比如，在美国，女性即便较长时间地注视男生，似乎也只是表示要同该男性搭话的心情；而在拉丁美洲诸国，如果女性使用这种眼神，很可能会被看作要同对方进行“肉体接触”的露骨诱惑。

同样，在非洲的谢拉·莱奥内的门德族常有直视对话者的习惯，转移视线者被疑为怪物。因为，根据该部族的信仰，死者的鬼魂会再度拥有人的模样而出现于阳世间，但他们不能注视真正的人脸，这样做就能够识别出是否是鬼魂。

访问意大利和法兰西的美国女性常常困惑于当地男性注视自己的眼神。与美国男性的瞥视不同，意大利和法兰西的男性，像女性有何可疑之处，需要扫描女性全身上下似的长时间盯着女性。因此，习惯于被这样凝视的意大利和法西兰女性，一定认为美国男子太过冷漠。

总体来说，在说话时直视对方的眼睛，会让人觉得你踏实可以信任。

法则30：合理控制视线，将意思完美传达

眼神是心灵之窗，心灵是眼神之源。眼睛是人体中无法掩盖情感的焦点。《人体秘语》作者莫里斯对人类的“眼睛”下这样的定义——它直径大约2.5厘米，但却像是从石器时代以来就有的最复杂的电视摄影机。在眼球后方感光灵敏的角膜含有1.37亿个细胞，将收到的信息传送至脑部。这些感光细胞，在任何时间均可同时处理150万个信息。这就说明，即使是一瞬即逝的眼神，也能发射出千万个信息，表达丰富的情感和意向，泄露心底深处的密。所以，眼球的转动，眼皮的张合，视线的转移速度和方向，眼与头部动作的配合，所产生的奇妙复杂的眉目语，都在传递着信息，进行着交流。

我国古代思想家、教育家孟子认为，观察人的眼睛，可以知道人的善恶。他说：“存乎人者，莫良于眸子，眸子不能掩其恶，胸中正，则眸子正焉，胸中不正，则眸子斜焉。”这说明，

人的心底是善是恶，都能从无法掩盖的眼神里显示出来。

现代研究发现：眼睛是大脑在眼眶里的延伸，眼球底部有三级神经元，就像大脑皮质细胞一样，具有分析综合能力，而瞳孔的变化、眼球的活动等，又直接受脑神经的支配，所以人的感情自然就能从眼睛中反映出来。瞳孔的变化是人不能自主控制的，瞳孔的放大和收缩，真实地反映着复杂多变的心理活动。若一个人感到愉悦、喜爱、兴奋时，他的瞳孔就会扩大到比平常大四倍；相反的，遇到生气、讨厌、消极的心情时，他的瞳孔会收缩得很小；瞳孔不起变化，表示他对所看到的物体漠不关心或者感到无聊。

人的视线活动方式，也反映着人的心态。一般认为，目不转睛地注视对方谈话的人较为诚实。但不一定是自始至终在盯着不放。

相反，视线的移开，其情况又如何呢？一般认为初次见面时，先移开视线者，其性格较为主动。另外，谈话中，有意处于优势地位的人，认为一个人是否能站在上风，在最初的30秒即能决定。当视线接触时，先移开目光的人，就是胜利者。相反，因对方移开视线而耿耿于怀的人，就可能胡思乱想，以为对方嫌弃自己，或者自己谈不来，因此，在无形中乃对对方的视线有了介意，而完全受对方的牵制了。正因为如此，对于初次见面就不集中视线跟你谈话的挑战型对象，应特别小心应付。不过，同样是撇开视线的行为，如果是在受人注意时才移开视线，那又另当别论了。一般而言，当我们心中有愧疚，或有所隐瞒时，有人会产生这种现象。一位名叫詹姆士薛农的建筑家，曾经画过一幅皱着眉头的眼睛抽象画，镶于大透明板上，然后悬挂在几家商店前，其原意是想借此减少偷窃行为。果然，在悬挂期间，偷窃率大大减少。虽然并不是真正的眼睛，但对那些做贼心虚的人来说，却构成了威胁，极力想避开该视线，以免有被盯梢的感觉，因此，便不敢进商店内，即使走进商店里，也不敢行窃了。

那么，在与人初次会面的前的30秒，你应怎样控制自己的视线呢？

与朋友初次会面，能否让对方认同自己，关键在于刚开始的三十秒钟。同时，与人面对面时，先把视线移开的人，就是胜利者。

这是因为，当两人四目相接的时候，双方的地位是平等的。但是，只要其中一方先将视线移开，另一方就会猜测：他是不是看不起我？或者；他是否认为同我说话很乏味？不仅如此，甚至以后说任何话，做任何事，都会受到对方视线的影响。

由此看来，能够巧妙地运用视线，便能控制对方。说得更具体一点，一个人的性格、身份、地位等，都会呈现在这种视线用法之中。

此外，与人初次见面，切忌逼视对方。有人在与他人接触一次后，便给人留下了居心不良的印象。我想，视线问题恐怕是导致这种结果的重要原因之一。

倘若你与对方谈话，四目相对，已使人感到不自然；再若逼视对方，那简直是在用目光向对方挑战。然而，若一味回避对方目光，既有轻视对方之嫌，又有被对方轻视的可能。那么，究竟如何是好呢？一直从事于传授古今礼节的小笠源流先生认为：你在注视对方时，最好将视线规范在对方的上至双目、下至肩部、左右于两肩之间。这样，你就不会给人留下不好的印象，因为对方会觉得，他正处在亲切自然的目光注视之下。

法则31：眉目也多情，巧用眉毛表达情感

我们常听到用眉毛所作的比喻——“迫在眉睫”，所指的就是情势急迫万分。虽然我们的眉毛本身并不讲话，但它却可以通过屈皱、舒展、高扬、倒竖等种种形状的变化，表现出我们的各种内心感情和心理活动，从而向人们传达出内心的情感信息。

其实在整个面部表情中，我们很难把眉毛和眼睛隔离开来分析。眉毛的动作是对眼神的一个非常充分的补充和配合。当我们感到糊涂、茫然不知所措、焦虑或者伤心失望的时候，眉毛通常呈里端向上外侧向下的歪斜状；而那种冷静、情绪稳定的人眉毛一般都会比较平直，要么两边相对是笔直的，要么两边对称呈弧形；当一个人感到烦恼、忧心忡忡或者是心理负担过重的话，皱眉肌就会把两道眉毛牵拉到一起，这时我们就会看到那副熟悉的

“眉头紧锁”的样子。

眉毛对于我们表情的功能，就是更加充分地展示我们内心深处的感情变化。每当我们的心情改变，眉毛的形状也会跟着改变，这可以被称为“眉毛的动作”。眉毛的动作所产生的重要信号有以下几种：

其一是低眉。当人们受到侵略的时候通常呈现出这种表情，因为这是一种带有防护性的运作，通常只是要保护眼睛，免受外界的伤害。

当然在真正遭遇危险的时候，光是低眉仍不能有效地保护眼睛，一般情况下还需要将眼睛下面的面颊往上挤，以尽可能提供最大的防护，这时眼睛仍保持睁开并注意外界动静的状态。这种上下压挤的形式，是面临外界攻击时典型的退避反应，眼睛突然见到强光照射时也会呈现这样的状态。另外，当人们有强烈的情绪反应，如大哭、大笑或感到极度恶心的时候，眉毛也会产生这种情状。

很多人都把一张皱眉的脸视为凶猛的象征，而很少想到那其实和自卫也有关系。而真正带有侵略性的、一张无畏怯的脸上，呈现的反而是瞪眼直视、毫不皱缩的眉。

其二是皱眉。可以代表很多种不同的心情，例如：惊奇、错愕、诧异、快乐、怀疑、否定、无知、傲慢、希望、疑惑、不了解、愤怒和恐惧。我们想要真正了解其意义，只有从原因上探究。

皱眉，通常表现出的都是愤怒或为难的情绪！“粗且浓厚的眉毛”在文学作品中意味着具有男子气概。而“皱紧的眉头”则强调了非常紧张的情绪。

眉头深皱的人，一般都是很忧郁的。他们基本上是想逃离目前所处的境遇，但却经常因为某些原因不能如此做。如果一个人大笑而皱眉，说明这个人的心中其实是有轻微的惊恐和焦虑，他的姿势中泄露出明显退缩的信息。虽然他的笑可能是真的，但无论他笑的对象是什么，都给他带来了相当的困扰。

其三是眉毛一条降低、一条上扬。这样的形态所传达的信息介于扬眉与低眉之间，一般表示一个人半边脸显得激越、半边脸显得恐惧。而尾毛斜挑的人，心里通常处于怀疑的状态，因为扬起的那条眉毛就像是提出的一个大大的问号。

其四是打结的眉毛。一般是指两条眉毛同时上扬及相互趋近，和眉毛斜挑一样。这种表情通常预示着严重的烦恼和忧郁，比如一些患有慢性疼痛的患者就会经常如此。而急性的剧痛产生的是低眉而面孔扭曲的反应，较和缓的慢性疼痛就会产生眉毛打结的现象。

其五是闪动的眉毛。在某些特定的情况下，眉毛的内侧端会拉得比外侧端高，而成吊客眉似的夸张表情，一般人的心中如果并不那么悲痛的话，是很难勉强做到的。眉毛先上扬，然后在几分之一秒的瞬间内再降下来，这种向上的闪动的短捷动作，是看到其他人出现时的友善表情。它通常会伴着扬头和微笑的神情，但也可能单独表现出来。

眉毛闪动也常见于一般的对话里，这是作为加强语气而应用的。每当说话的时候要强调某一个字时，眉毛就会伴随着扬起并瞬即落下，像是不断强调：“我说的这些都是很惊人的！”如果一个人的眉毛连闪，是表示“哈罗！”连续连闪就等于在说：“哈罗！哈罗！哈罗！”如果前者是说“看到你，我真惊喜！”则后者就是在说“我真是太意外，太高兴了！”

其六是耸眉。这样的眉毛动作也经常出现在人们交谈的过程中。人们在热烈谈话时，差不多都会重复做一些小动作以强调他所说的话，大多数人讲到要点时，会不断耸起眉毛，那些习惯性的抱怨者絮絮叨叨时就会这样。

其七是双眉上扬。如果一个人在谈话的过程中将双眉上扬，则表示出一种非常欣赏或极度惊讶的神情。

其八是单眉上扬。一条眉毛上场，通常表示不理解、有疑问的意思。

其九是眉毛迅速上下活动。这样的动作和闪动的眉毛很类似，一般说明一个人的心情愉快，内心赞同或对你表示亲切。

其十是眉毛倒竖、眉角不拉。如果我们看到了这样的动作，则说明对方处于极端愤怒或异常的气恼中。

其十一是眉毛的完全抬高。这表示出的是一种他“难以置信”的神情。

其十二是眉毛半抬高。表示他“大吃一惊”的神态。

其十三是眉毛正常。这样的情形出现在谈话中通常表现他“不作评论”。

其十四是眉毛半放低。一般这样的动作都用来表示他“大惑不解”。

其十五是眉毛全部降下。表示的是他“怒不可遏”的状态。

其十六是眉头紧锁。表示这个人的内心深处忧虑或犹豫不决的状态。

其十七是眉梢上扬。这表示有喜事降临的意思。

其十八是眉心舒展。表明这个人的心情坦然，处于愉快的状态中。

那种冷静、情绪稳定的人其眉毛一般都比较平直，要么两边相对是笔直的，要么两边对称呈弧形，总之眉型很正的人让人看起来很舒服。

眉毛作为我们面部的一个组成部分，充分地配合着面部其他器官做着各种动作，只要我们细心地观察，就会发现更多对我们的人际交往有价值的身体语言信息。

法则 32：用嘴型传递心情，展现阳光的你

嘴唇、舌头和上颚等敏感的器官决定接受还是拒绝送入我们身体的东西，并且表达一定的内涵。微笑时，嘴角咧开，不高兴时，嘴角下撇，这一切马上会牵动眼睛，影响我们的整体形象和

感觉。

相对于眉毛与眼睛为代表的上半部分面部表情，嘴巴、嘴唇、舌头则是整个面部下半部分中最富表情的部位。在此，我们需要强调的是，自然的外貌并不是性格的唯一表现形式。环境（比如所处的一个自然环境）对人的面孔形式起着一定的作用。因为在每一种人格中都包含有许多的可变因素。在此提出的一些看法只是作为一种启发性的指导路线，以便帮助大家去懂得人格的某些方面。

嘴巴是人和动物进食的主要器官，也是发音器官的重要组成部分。我们的牙齿生长在口腔之内，有着不同的形状和功用，主要的作用是帮助我们咀嚼食物，助于消化。嘴巴对于我们来说，是非常重要的，我们每天要用它来吃喝以延续生命。除进食外，嘴巴最人的功能便是说话，我们可以通过说话来表达自己内心的情感。

有人说：嘴巴不出声也会“说话”，可见嘴巴不仅是用来表达有声语言的，它同样也可以表达丰富的身体语言。

一般来说嘴唇闭拢表示的是和谐宁静、端庄自然，嘴唇半开或全开则是表示疑问、奇怪、有点惊讶；嘴唇全开一般表示惊骇，在人际交往中，除非我们是为了沟通谈判的需要，否则不要轻易出现这种嘴部动作。

嘴角向上，这表示的是善意、礼貌、喜悦的意思。人际交往中，这种身体语言特别会让对方感觉到我们的真诚、善解人意。

嘴角向下通常表示的是痛苦悲伤、无可奈何的神情。

嘴唇撅着，一般都是表示生气、不满意的意思。这种表情在正式的场合出现，会被认为是不尊重对方的表现。

嘴唇紧绷，多半是表示愤怒、对抗或者决心已定。而故意发出咳嗽声并借势用手掩住嘴是表示“心里有鬼”，有说谎之嫌。

嘴唇的薄厚也会表现出一个人内在的神情。薄嘴唇的人常常（但不总是）意味着他（她）为人吝啬，具有严厉或执拗的特性。厚嘴唇通常被认为是易受感官刺激的人。这是因为我们的口轮匝肌的运动对嘴部的形状有很大的影响，比如嘴唇丰满就是由于习惯性地放松口轮匝肌的结果。这种有意识的放松是性格开朗，为人爽直随和，接受能力强的人的特点之一。厚嘴唇象征着为人比较热情，绷紧的或薄的嘴唇则象征着为人较为严厉，这种嘴唇也是绷紧口轮匝肌的结果。如果一片嘴唇绷紧而另一片嘴唇松弛丰满，这个人很可能具有相互矛盾的双重性格。

由此，我们可以把嘴部周围肌肉的收缩看成是担心自己上当受骗，希望抵挡住外界干涉的一种特殊信号。有一些人“上唇总是绷得紧紧的”，他们这样的目的就是为了不受自己的感情影响或他人的感情影响。

绷紧卷曲的嘴唇常常与残忍、严厉或盛气凌人的性格有关。卷曲的上唇就像许多动物准备攻击时所表现的那样，露出牙齿是一种自我保护的条件反射的结果。

第五章

用恰当举止展示自我：

让周围人主动靠近你

人可以通过各种身体动作来传达礼仪。人的身体动作非常多，有手语、肩语、腿语、腰语、足语等。其中手语是语义中最丰富的动作语言。肢体动作常能起到除语言之外的意想不到的效果。一个人要向外界传达完整的信息，单纯的语言成分只占 7/100，声调占 38/100，另外的 55/100 信息都需要由非语言的体态来传达，而且因为肢体动作、语言通常是一个人下意识的举动，所以，它很少具有欺骗性。在与人交往中，善于运用肢体语言的人更容易赢得爱情，获得成功。

法则33：最完美的握手，顷刻间接近距离

握手，是人们在交际场合中司空见惯的礼仪。在日常生活中，握手也是一种经常使用的礼节方式，不仅常用在人们见面和告辞时，更可作为一种祝贺、感谢或相互鼓励的表示。它看似简单，但却是与陌生人进行沟通、交流、增进关系的重要手段。

玛丽·凯化妆品公司创始人玛丽在当推销员时，有一次，销售经理召集他们开会。会议结束时，大家都希望同经理握握手。

玛丽也非常崇拜这位经理，但由于想跟经理握手的人太多了，玛丽排队等了3个小时，才轮到她与经理见面。

然而，让玛丽失望的是，经理在同她握手时，根本就没有正眼看玛丽一眼，只是去看她身后的队伍还有多长。玛丽看得出经理有一点累。可是，自己也等了3个小时，同样很累呀！自尊心受到了伤害的玛丽暗下决心：如果有那么一天有人排队等着同自己握手，自己将把注意力全都集中在对方身上——不管自己多累！

后来，玛丽成立了自己的公司，名气也逐渐大了。不过她多次站在队伍的尽头同数百人握手，常常持续好几个小时。无论多

累，她总是牢记当年自己排那么长的队等候同那位销售经理握手时所受到的冷遇。如有可能，总设法同对方说点亲热话——也许只是一句，如“你的发型很漂亮”，或“你穿的衣服多时尚”。她在同每一个人握手时，总是全神贯注，不允许任何事情分散了自己的注意力。

这样握手，使数百人都觉得自己是世界上最重要的。她的公司就这样成为他们心中全世界最重要的公司。

一项新的研究再次支持了关于握手的一贯看法，即一次有力的握手不论对男人或女人来说都有利于给别人留下深刻印象。研究人员发现，良好的初次印象确实与握手时的各种特点如力量、激情、持续时间、目光交汇和紧握程度等有实质性联系。

和说一百句话相形下，用力握手一次，更能一口气拉近彼此的亲密度。它可以发挥缩短与对方相隔距离的最大效果。

正因为如此，国外政治家于选举期间会大量外出与选民握手。比起聆听冗长寻常的演说，选民通常会将神圣一票投给会和自己握过手的候选人。这种借由亲肤关系的沟通方式，比起利用语言的沟通方式更具影响力。

握手不光是一种礼节。当两只不同的手碰在一起，手指稍弯，即握在一起，它会将感情迅速地传递给对方。

有一年的圣诞前夜，在美国的一个珠宝店快打烊的时候，从外面进来了一个三十多岁的男子，穿着一套起皱的西装，领带也没有系。他在珠宝店里转悠，一副心不在焉的样子。终于，他的目光定格在一条镶有七颗钻石的手链上，要求店员把手链拿给他看一看。店员是个姑娘，她迟疑了一下，还是按他的请求拿出了手链，递给他。

在观看了一会儿后，男子把手链还给了姑娘，忙着往外走。姑娘小心翼翼地将手链放回原处。突然，她看见手链上的钻石只剩下了六颗。她紧走了几步，在珠宝店门口追上了男子，伸出右手微笑着说：“先生，祝您圣诞快乐！”

男子稍微迟疑了一下，也伸出了右手，握住了她的手，笑着说：“谢谢！”说完，转身走出门外。这时姑娘感觉右手心多了个硬硬的小东西，一看竟然是那颗钻石。

故事到这里还没有结束。十年后的一个圣诞前夜，还是在这家珠宝店里，一位40多岁的富商握住了珠宝店女老板的手：“谢谢你，是你给了我自尊，给了我生存的智慧！”这个富商，就是十年前的那个男子。而珠宝店女老板，就是当年的店员。

至此，我们应该明白，面对一个陌生人，当你热情地握住他的手的时候，你和他之间已经开始了一段激动人心的交往旅程。你内心的情感此时在通过掌心的温度加以传递。

不过，握手看似简单，但也要注意一些礼仪。首先，握手的姿势要优雅，上身应稍稍往前倾，两足立正，伸出右手，距离对方约一步；四指并拢，拇指张开。对对方太远或太近都是不雅观的，尤其不要将对方的手拉近自己的身体区域内，这很容易造成对方的误解。

握手时必须上下摆动三至七下，而不能左右摇动。当遇到比较熟悉的人或深交时，为达到某种情感的效果，可以伸出双手行握手礼。

其次，一般情况下，握手时要用右手，这是一项不成文的规定，伸左手显得不礼貌。

伸出的手应垂直，如果掌心向下握住对方的手，则显示一个人强烈的支配欲，这是无声地告诉别人，你此时处于高人一等的地位，应尽量避免这种傲慢无礼的握手方式；相反，掌心向上同他人握手，则显示一个人的谦卑与毕恭毕敬。

如果是伸出双手来接，就更是热情与恭敬的表现。平等而自然的握手姿态是两人的手掌都处于垂直状态，这是最普通也是最常用的握手方式。

最后，初次见面握手时间不宜过长，以三秒钟为宜。切忌握住异性的手久久不松开，与同性握手的时间也不宜过长，以免对方欲罢不能。

需要注意的是：握手时的力度要适当，可握得稍紧些，以示热情，但不可太用力。男士握女士的手应轻一些，不宜握满全手，只握其手指部位即可。

法则 34：坐不失礼，在自信中体现优雅

老人教育儿女时常说“站有站相，坐有坐相”，就是说一个

人无论站立还是坐着都要顾及自己的形象。一个完美的坐姿，在任何场合都会为你增色不少。

对坐姿的要求是“坐如钟”，即坐相要像钟那样端正稳重。端庄优美的坐姿，会给人以文雅稳重、自然大方的美感。

坐姿的基本要领是，入座时走到座位前，转身后把右脚向后撤半步，轻稳坐下，然后把右脚与左脚并齐，坐在椅上，上体自然挺直，头正，表情自然亲切，目光柔和平视，嘴微闭，两肩平正放松，两臂自然弯曲放在膝上，也可以放在椅子或沙发扶手上，掌心向下，两腿自然弯曲，两脚平落地面，起立时右脚先向后收半步然后站起。

一般来说，在商务应酬场合，要求男性两腿之间可有一拳的距离，女性两腿并拢无空隙。两腿自然弯曲，两脚平落地面，不宜前伸。在日常交往场合，男性可以跷腿，但不可跷得过高或抖动；女性大腿并拢，小腿交叉，但不宜向前伸直。最为常用的八种坐姿：

1. 正襟危坐式

又称最基本的坐姿，适用于最正规的场合。要求：上身与大腿，大腿与小腿，小腿于地面，都应当成直角。双膝双脚完全并拢。

2. 垂腿开膝式

多为男性所使用，也较为正规。要求：上身与大腿，大腿与小腿，皆成直角，小腿垂直地面。双膝分开，但不得超过肩宽。

3. 双腿叠放式

它适合穿短裙子的女士采用。（或处于身份地位高时场合）

造型极为优雅，有一种大方高贵之感。要求：将双腿完全地一上一下交叠在一起，交叠后的两腿之间没有任何缝隙，犹如一条直线。双腿斜放于左右一侧，斜放后的腿部与地面呈45° 夹角，叠放在上的脚尖垂向地面。

4. 双腿斜放式

适用于穿裙子的女性在较低处就座使用。要求：双膝先并拢，然后双脚向左或向右斜放，力求使斜放后的腿部与地面呈45° 角。

5. 双脚交叉式

它适用于各种场合，男女皆可选用。要求是：双膝先要并拢，然后双脚在踝部交叉。交叉后的双脚可以内收，也可以斜放，但不宜向前方远远直伸出去。

6. 双脚内收式

适合一般场合采用，男女皆宜。要求：两大腿首先并拢，双膝略打开，两条小腿分开后向内侧屈回。

7. 前伸后屈式

女性适用的一种优美的坐姿。要求：大腿并紧之后，向前伸出一条腿，并将另一条腿屈后，两脚脚掌着地，双脚前后要保持在同一条直线上。

8. 大腿叠放式

多适用男性在非正式场合采用。要求：两条腿在大腿部分叠放在一起。叠放之后位于下方的一条腿垂直于地面，脚掌着地。

位于上方的另一条腿的小腿则向内收，同时脚尖向下。

就座时，亦能体现出落座者有无修养。若是走向他人对面的座椅落座，可以用后退法接近属于自己的座椅，尽量不要背对自己将要与之交谈的人。为使坐姿更加正确优美，应当注意，入座要轻柔和缓，起立要端庄稳重，不可弄得座椅乱响，就座时不可以扭扭歪歪，两腿过于叉开，不可以高跷起二郎腿。若跷腿时悬空的脚尖应向下，切忌脚尖朝天。坐下后不要随意挪动椅子，腿脚不停地抖动。女士着裙装入座时，应用手将裙装稍稍拢一下，不要坐下后再站起来整理衣服。正式场合与人会面交谈时，身子要适当前倾，10分钟左右不可松懈，不可以一开始就全身靠在椅背上，显得体态松弛。就座时，不可坐满椅子，但也不要为了表示过分谦虚，故意坐在边沿上。坐势的深浅应根据腿的长短和椅子的高矮来决定，一般不应坐满椅面的2/3以上。当然，去拜访长辈、上司、贵宾时，自然不宜在落座后坐满座位。

若是只坐座椅的1/2，那么对对方的敬意无形中溢于言表。这是利用坐姿来表示对他人的敬意的重要做法。坐沙发时，因座位较低，亦要注意两只脚摆放的姿势，双脚侧放或稍加叠放较为合适。避免一直前伸，要控制住自己的身体，否则身体下滑形成斜身埋在沙发里，显得懒散。更不宜把头仰到沙发背后去，把小腹挺起来。这种坐相显得很放肆，又极不雅观。坐在椅子上同左或右方客人谈话时不要只扭头，这时尽量侧坐，上体与腿同时协调地转向客人一侧。

座位高低不同时，坐姿也有不同要求。

1. 低座位。轻轻坐下，臀部后面距座椅背约2厘米，背部靠座椅靠背。如果穿的是高跟鞋，坐在低座位上，膝盖会高出腰部，应当并拢两腿，使膝盖平行靠紧，然后将膝盖偏向对话者，偏的角度应根据座位高低来定，但以大腿和上半身构成直角为标准。

2. 较高的座位。上身仍然要正直，可以跷大腿。其方法是将左腿微向右倾，右大腿放在左大腿上，脚尖朝向地面，切忌右脚尖朝天。

3. 座位不高也不低。两脚尽量向后左方，让大腿和你的上半身成90° 以上角度，两膝并拢，再把右脚从左脚外侧伸出，使两脚外侧相靠，这样不但优雅，而且显得文静而优美。

法则35：站不失仪，优雅中不失端庄

站立是人们商务应酬中的一种最基本的仪态。良好的站姿是“站如松”，是说人的站立姿势要像松树一样端直挺拔。正确健美的站姿会给人以挺拔笔直、舒展大方、精力充沛、积极向上的印象。

站姿的基本要领是：两脚跟相靠，脚尖分开45° ~ 60°，身体重心放在两脚上。两腿并拢立直，腰背挺直，挺胸收腹。抬头挺直

脖颈，双目向前平视，嘴唇微闭，面带微笑，微收下颌。

站立时要注意：端正直立，不要无精打采、耸肩勾背、东倒西歪，不要倚靠在墙上或椅子上，在正式场合，不要将手插在裤带里或交叉在胸前。不抖腿，不摇晃身体，不东歪西靠，不要挺肚子，以免形体不雅观。由于性别方面的差异，男女的基本站姿又各有一些不尽相同的要求。对男子的要求是稳健，对女子的要求则是优美。

站姿可以随着场合进行调整。同别人交谈时，如果空着手，可双手在体后交叉，右手放在左手上。若身上背着背包，可利用背包摆出优雅的站姿。向长辈、朋友、同事问候或做介绍时，无论握手或鞠躬，双足应当并立，相距约10厘米，膝盖要挺直。等车或等人时，两足的位置可一前一后，保持45°，肌肉放松而自然，并保持身体的挺直。如果站立时间过久，可以将左脚或右脚交替后撤一步，其身体重心置于另一只脚上。但是上身仍需直挺，脚不可伸的太远，双腿不可叉开过大，尤其女性应当谨记，变换也不可过于频繁。双腿交叉，即别腿，也不美观。总之，站的姿势应该是自然、轻松、优美的，不论站立时摆何种姿势，只有脚的姿势及角度和手的位置在变，而身体一定要保持绝对的挺直。

在需要下蹲的时候，女士下蹲不要翘臀，上身直，略低头，双腿靠紧，曲膝下蹲，起身时应保持原样，特别穿短裙下蹲时更不要翘臀。对男士没有像对女士那样严格的要求，但也应注意动作的优雅。

保持优美站姿的注意事项：

1. 脊椎挺直，肩膀放松——站立时，背部脊椎务必挺直，头部拉高，下巴微缩，肩膀放松，使脖子到肩膀呈现自然优美的线条。

2. 随时提臀，收缩小腹——无须刻意挺胸翘屁股，站立时只要让自己的身体与地面垂直，腹部肌肉紧缩，让臀部出现紧实感，身体重量平均分布于两脚，即可达到仪态优雅与雕塑身体的效果。

3. 保持稳定，切忌摇晃——站姿不正确会让你有种手足无措手脚不知该放在哪里的感觉。请将双手自然下垂，调整呼吸，身体保持稳定状态，如此一来，你就可以站得很自然很舒服。切记！避免摇晃或抖动手脚，否则会给人一种轻浮的感觉。

4. 肩膀放松，收缩小腹——站立时身体不可过于僵硬，肩膀微微往后及向下放松，切记！一定要收缩小腹。

5. 手轻放在腰际间——单手轻放在腰际间，另一只手则自然下垂，显示出自信十足的感觉。

需要注意的是：站立时，重心应放在单脚上，另一只脚交叉在前——想要站得有女人味，就必须将身体重心放在单脚上。另一只脚交叉在前侧或放在斜后方，脚踝脚背尽量下压（千万注意，不要“内八”），稍微侧身，让身体呈现S形的线条，可为你增添几许妩媚感。

法则36：走路从容，在沉稳中凝聚人气

除了站姿，走姿也不容忽视。人们对走姿的理想要求是“行如风”，即走起路来像风一样轻盈。当然，不同情况对行走的要求是不同的。一般来说，标准的行走姿势，要以端正的站立姿势为基础。

基本要领是双目向前平视，面带微笑收下颌。上身挺直，头正、挺胸收腹，重心稍前倾。手臂伸直放松，手指自然弯曲，摆动时要以肩关节为轴，上臂带动前臂向前，手臂要摆直线，肘关节略屈，前臂不要向上甩动，向后摆动时，手臂外开不超过30° 。前后摆动的幅度为30~40厘米。

走路时姿势美不美，是由步度和步位决定的。步度，是指行走时两腿之间的距离。步度一般标准是一脚踩出落地后，脚跟离未踩出一脚脚尖的距离恰好等于自己的脚长。身高超过1.75米以上的人的步度约是一脚半长。步位，是指你的脚下落到地上时的位置。走路时最好的步位是两只脚所踩的是一条直线而不是两条平行线。

走路用腰力，要有韵律感。如果走路时腰部松懈，就会有吃重的感觉，不美观；如果拖着脚走路，更显得没有朝气，十分难看。要保持优雅的步姿可以记住以下几句口诀：“以胸领动肩轴

摆，提髋提膝小步迈，跟落掌接趾推送，双眼平视背放松。”

走路的美感产生于下肢的频繁运动与上体稳定之间所形成的对比和谐，以及身体的平衡对称。要做到出步和落地时脚尖都正对前方，抬头挺胸，迈步向前。

我们把走路应有的原则归纳成以下几项：

1. 上半身应保持正直、下巴后收、两眼平视、胸部突起、腹部后收、两腿挺直、双脚平行。

2. 将要跨出的一脚，应当先提起脚跟，再提起脚掌，最后脚尖离地，跨出的一脚，应当脚尖先落地，然后脚掌落地，最后脚跟落地。

3. 一脚落地时，臀部同时作轻微扭动时摆度不可太大，当一脚跨出时，肩膀跟着摆动，但要自然轻松。让步伐和呼吸配合成有韵律的节奏。

4. 穿礼服、长裙或旗袍时，切勿跨大步，显得很匆忙。穿长裤时，步幅放大，会显出活泼与生动。但最大的步幅不超过脚长的2/3。

下面是社交礼仪应该知道的一些技巧：

走路时应注意，最忌内八字和外八字；不要弯腰驼背、歪肩晃膀；不要步子太大或太碎；走路时不要大甩手，扭腰摆臀，左顾右盼；上楼不宜低头翘臀，下楼不宜连蹦带跳；不要双腿过于弯曲，走路不成直线；不要脚蹭地面；不要双手插裤兜；多人一起行走不要排成横队；有急事要超过前面的行人，不得跑步，可以大步超过并转向被超越者致意道歉。

一个自信的人，即使在走路的时候，也有着特点。他从不奔跑，而是步履稳健，在脚离开地面之前，还有足够的时间接触地面。他不让人推走，而是将能量接地，不让它逃离。

行走是否总是意味着冒险呢？人每前进一步，总会迎来抉择，或者是不能预料的风险。但是，不迈步就没有进步。直立行走已经是一种非同寻常的平衡游戏，而前进运动则更胜一筹。谁要是对自己的力量有信心，就可以毫不迟疑地向前迈进；谁要是心存疑虑，或者患得患失，就会固守自己的立场。我们每前进一步，都是在解决平衡的问题。一个步子稳健的人，显示出来的是自信心和解决问题的能力。

法则 37：行为举止，恰到好处又彬彬有礼

行为举止体现一个人的修养，商务人员在应酬中要做到行为文明、举止得当。交谈和出席任何场合都要符合一定的标准，注意细节，才能给别人留下好的印象。长期以来人们在举止方面有约定俗成的规则，基本要求是人们的言行举止在不同场合要使用得当。

1. 应酬中的礼貌举止

礼貌举止有点头、举手、起立、鼓掌、拥抱。具体要求有如下几方面。

（1）点头

这是一种最常见的礼貌举止，经常用于与熟人打招呼。用点头来打招呼时，点头者应用眼看着对方，面部略带微笑，等对方有表示时再转向他方。点头打招呼也可以在较大的迎送场合使用，当迎送者较多或距离较远时可以用点头表示敬意，也可以点头和握手配合使用。

（2）举手

这是一种与对方较远或交臂而过时间仓促时的打招呼方式，也是一种常见的礼貌行为举止。由于条件所限，打招呼是最合适的，用这种随机的礼貌举止可以消除对方的误会，并感到与正常招呼差不多的满意。这种方式不但可以表示认出对方，而且还可以在短距离内表达你的敬意。

（3）起立

这是一种在较正式场合使用的，位卑者向位尊者表示敬意的礼貌举止。常用于集会时对报告人到场或重要来宾莅临时致敬。

（4）鼓掌

这是在社交场合表达赞许或向别人祝贺等感情的礼貌举止。正式的商务应酬场合，重要人物出现、精彩演讲或表演结束皆可鼓掌。

（5）拥抱

这是传达亲密感情的礼貌举止。在国外，特别是欧美国家应用广泛。我国通常用于外交活动中的迎来送往场合，偶尔也用于久别重逢、误解消除等难以用语言来表达强烈感情的特殊场合。

2. 应酬中，在举止上要有涵养

有些人虽然仪表堂堂或是漂亮异常，但是一举手投足便显俗气，令人生厌。因此，生意人要想在商务应酬中给人留下美好而深刻的印象，外在美固然重要，而高雅的谈吐和举止则更让人喜爱。

要想举止有涵养，就要做到：站有站相、坐有坐相、走有走姿，这样你的一言一行才能做到彬彬有礼、恰到好处。

从现在开始，请刻意去锻炼出你优雅的举止，将高雅的一面充分展示出来，会使你的形象高出几分。

在平时有意识地锻炼自己，养成良好的行为姿态，坚持下去。你也可以做到举止端庄、优雅得体、风度翩翩。

任何人都有这样一种心理特性，同一故乡或同一母校的人，往往不知不觉地因同伴意识、同族意识而亲密地连结在一起，这有利于良好人际关系的形成。由于亲戚老乡这类较为亲密的关系会给人一种温馨的感觉，使交际双方易于建立信任感。特别是突然得知面前的陌生人与自己有某种关系，更有一种惊喜的感觉。这样很容易拉近两人的距离，使人一见如故。

从人的心理上来讲，每个人的潜意识中都有一种“排他性”，对自己的或跟自己有关的事物往往不自觉表现出更多的兴趣和热情；跟自己无关的则有一定的排斥性。因而在交谈中这类关系的点出就使对方意识到两人其实很“近”。这样，无论对方位在你上或你下，都能较好地形成坦诚相谈的气氛，打通初次见面由于生疏造成的心理上的“设防”。

恰到好处的行为举止会令你形象大增，给人留下深刻的印象。

法则 38：注意细节，别让小动作害了你

现代社会，已不像古时那么多繁文缛节。在礼仪上也追求与时俱进的现代交际要求。但仍有一些人不注重小细节，无意中的小动作却给人留下十分不好的印象。比如，坐沙发时，千万别令自己“陷身其中”，就餐时千万不要抖腿等。

在日常生活和商务往来中，人们需要掌握一些必备的礼仪，但也要有所禁忌。那么，在应酬中，如下这些事你不该做。

1. 在人前打呵欠

在商务应酬场合，打哈欠给对方的感觉是：你对他不感兴趣，表现出很不耐烦了。因此，如果你控制不住要打哈欠，一定要马上用手盖住你的嘴，跟着说：“对不起。”

不要以为你疲倦了打个呵欠是很自然的，但是，对方永远都不会这么想。

2. 在人前掏耳挖鼻

在商务应酬中，无论如何，都不可在人前掏耳挖鼻。这个不雅的举动往往令对方感到恶心和反感，而且还会让人感到你很傲慢、不懂礼貌。如果真的是痒得难以忍受，不妨暂时离开并表示

歉意，这样既能解决自己的“难言之隐”，又不失礼仪。

请记住，不要以为掏耳挖鼻是个小动作，但是，对方却可以将其无限放大。

3. 在他人面前抖动双腿

在商务应酬的场合，经常有人在坐着的时候，双腿犹如痉挛般地不停颤动，还会带动座椅摇动影响他人，让人反感，这种丝毫不顾及他人感受的举动是不文明的举止，必须防止。

试问，谁会喜欢这种举止的人？双腿颤动不停，不但令对方视线不舒服，而且也给人以情绪不安定的感觉。

在抖动腿的一刻，你的仪表再潇洒也会在瞬间荡然无存了。

4. 拨弄头发

留着长发的人，在商务应酬时，常常会不自觉地拨弄头发，但这种习惯，会令人产生不尊重的感觉。因此，一定要避免。

5. 频繁使用手机

手机是现代人们生活中不可缺少的通信工具，如何通过使用这些现代化的通信工具来展示现代文明，是生活中不可忽视的问题。如果事务繁忙，不得不将手机带到商务应酬场合，那么你至少要做到以下几点：将铃声降低，以免惊动他人。铃响时，找安静、人少的地方接听，并控制自己说话的音量。如果在车里、餐桌上、会议室、电梯中等地方通话，尽量使你的谈话简短，以免干扰别人。如果下次你的手机再响起的时候，有人在你旁边，你必须道歉说：“对不起，请原谅。”然后走到一个不会影响他人的地方，把话讲完再入座。如果有些场合不方便通话，就告诉来电者说你会打回电话的，不要勉强接听而影响别人。

另外，还要注意，在应酬中，男士应表现出刚劲、强壮、英勇和威武之态，给人一种强壮的美感，而不要忸怩作态。阳刚的表现不等于粗野，满口脏话，衣冠不整，不拘小节，也不是故作姿态、装腔作势，这样是“粗野”，是一种缺少教养的表现。良好的表现是要在交际中自然大方、从容不迫、谈笑自如，说话和气、文雅谦逊，尊重别人。而当男士以主人的身份出现时往往是社交成败的关键，他要热情地接待每一位来访者。对来访者相见时，要热情地握手问候，分别时要礼貌道别。

法则 39：注意必要的礼节，享受西宴要注意

目前国际通行的宴请有宴会、冷餐会、酒会、茶会、工作餐等形式。酒会是其中较为常见的社交形式。按照国际惯例，最隆重、礼节性最强的招待活动是午宴和晚宴。

当你受邀参加西式正式宴请，你最好是客随主便，你的座位、讲话顺序等都要听从主人安排。尤其要注意的是正确使用西餐餐具。在西餐餐具中，除了汤匙与黄油刀以外，其他的餐具都是成对使用。当你面对令人眼花缭乱的餐具不知如何使用时，最简单、实用的做法就是从外向里依次使用。如果你不小心用错了

餐具也不要表露出过多的自责情绪，你需要继续从容地用餐，可以向大家坦言自己并不习惯使用这些餐具，同时也可以就某个餐具的使用方法向别人请教。

拿餐刀时动作要优雅，不要跟握笔的姿势一样，但当使用汤匙与布丁匙就要像拿笔一样使用了。在用餐过程中需要开口讲话时，要把刀叉以“八”字形搭在盘子上。当你结束进餐，可以把餐具平行地放在盘子中间，或者斜摆成四点或者十点钟的位置，服务员会据此知道你已用餐完毕，并撤掉你的餐具。

欧洲人吃饭的习惯是同时握着刀和叉，而美国人则不同，他们喜欢用刀叉切割完食物后，放下右手中的刀，将叉子移至右手再继续进餐。

在西餐的正式场合通常都配有餐巾。餐巾的位置应该放在膝盖处，切不可将餐巾当作围巾系在脖子上。用西餐时最容易露怯的是吃意大利面条。意大利面条的正确的吃法是：先用叉子把面条挑起来，并耐心地卷好，再用勺子协助送入口中。

如果你是受邀参加酒会，那这应该是最放松的事了。通常情况下，酒会中的酒类品种比较多，还有不同酒水调制的鸡尾酒，还会备有各类果汁和饮品，以及小吃，如三明治、面包卷、水果等。当你拿取这些食物时最好使用牙签，千万不要直接用手去拿取。在酒会中，你不必太受拘束，可以与人随意交谈，轻松的氛围也是进行交流、意向洽谈的最好方式。当你心中已经定好了此次社交的目标，最好是主动出击，主动搭讪。在酒会上太过贪吃，或只与少部分的人交流，可不是明智之举。

在参加酒会前，你可以事先在头脑里想一些方便聊的话题，以便在酒会中和陌生人交谈，避免发生尴尬的局面。嘴里正在嚼着食物，或者对方正在吃东西时，不要主动同人说笑。当主办方或主宾致辞祝酒时，你要暂停进餐和交谈行为，以示对他们的敬意。如果在酒会上你不慎碰洒了酒水，或者碰掉了餐具，千万不要自己弯腰清理，你要表现得沉着冷静，礼貌地叫服务生过来打理。

无论你是参加正式宴请还是一般的酒会，中途都不要退场。如果的确有很急的事，应事先向主人打招呼后再悄悄地离开。在酒会结束后，晚些时候或第二天要以邮件或者微信、短信等形式，向邀请者表示真诚的谢意。

此外，参加西方人的宴请，还要格外注意饮咖啡的相关礼仪。

咖啡，是西方人常见的饮品，就如我们喝茶一般平常。咖啡可以自己磨好咖啡豆后用咖啡壶煮制，也可以直接用开水冲饮速溶咖啡。人们一般认为自制的咖啡档次较高一些。

饮用咖啡时，加牛奶和糖的，称之为牛奶咖啡；不加牛奶和糖的，称之为清咖啡。加入咖啡的糖通常是方糖。方糖会被放在专门的器物里，可先用糖夹将方糖夹在咖啡碟的近身一侧，再用咖啡匙把方糖加入咖啡中；如果是砂糖，就可用咖啡匙直接舀取，加入杯内。

咖啡匙是专门用来搅拌咖啡的，在饮用咖啡时应当把它取出来。千万不要用咖啡匙舀着咖啡一匙一匙地喝，也不要用咖啡匙来捣碎杯中的方糖，而应慢慢地搅拌。如果刚煮好的咖啡过热，可以用咖啡匙轻轻搅拌使之冷却，或者待其自然冷却，再饮用。有人习惯用嘴把咖啡吹凉，这其实是最不合礼仪的动作。

在餐后饮用的咖啡，一般都是由侍者用袖珍型的杯子盛出。此类杯子杯耳较小，需要放在杯碟里。盛放咖啡的杯碟也是特制的，应将它们摆放在面前或偏右侧，杯耳的方向也应指向右方。咖啡杯的正确拿法是：拇指和食指捏住杯把儿将杯碟轻轻端起。喝咖啡时，用右手稳拿住咖啡杯耳，左手轻轻地托着咖啡碟，然后再慢慢地挪向嘴边，轻啜慢饮，千万不要发出响声，尤其是很大的响声。喝咖啡的动作要优雅，切不可举杯大口地喝，或者低下头去吸咖啡。

有时，我们也可能会遇到一些不方便的情况，比如，你坐在远离桌子的沙发上，不方便双手端着咖啡饮用。此时，你可以用左手将咖啡碟置于齐胸的位置，稳稳地端着，小心咖啡外溢，然后再用右手端着咖啡杯饮用。添加咖啡时，也不要把咖啡杯从咖啡碟中拿起来。饮毕咖啡，应将咖啡杯放回到咖啡碟中，若将二者分别放置，将是很失礼的行为。

有时，饮咖啡可以吃一些点心，但不要两手并用：一手端着咖啡杯，一手拿着点心，吃一口、喝一口。正确的做法是：饮咖啡时放下点心，吃点心时放下咖啡杯。

按照上面的一些礼仪规则，你就可以充分享用西宴的高雅格调了。当你掌握了这些基本礼仪，举手投足间都会散发出无穷的魅力。

法则 40：若即若离，保持交际的最佳距离

现今是市场经济社会，似乎每个人都有不同程度的压力感，人与人之间的关系也变得微妙而敏感。怎样才能与别人保持恰到好处的距离，而又能够时常联络呢？最好的方法就是若即若离，不远不近。

按中国人的传统心态来看，交际不应该有目标，应该“以情会友，别无所求”，应该奉行一种无为哲学。谁要是在交往中注重了交往对象的使用价值，然后想方设法接近他、利用他，就被认为“太势利”。

根据现代社会的交际观念，交际有三个基本目标。我们不能只强调信息共享、情感沟通而拒绝相求相助。我们不能把相求相助都当成“势利”来看待。为了相求相助而交际，这不是“势利”，这是人类有别于其他动物的一种社会性行为。

我们不妨设想，有这么一个人，他既不能与你信息共享、情感沟通，也不能与你相求相助，你会与他交朋友吗？恐怕不会。可见，人际交往还是有选择的，选择就是一种目标的体现。

那么如何保持恰当的距离而不被人忘记呢？下面介绍几点维

持人际关系的诀窍。

在我们与人的交往中，利用电话、写信（电子邮件）、节日贺卡、生日聚会等是最常见的人脉维系方式。但维系人脉和保持互动，除了这些形式上的问候与聚会之外，还需要良好的记忆力、沟通技巧和创意。

1. 记忆

在记忆力方面，应该努力记住和朋友上次聚会或交谈时的内容，以及关心对方目前的发展状况。每次有机会和朋友聊天时，要专心倾听并记住对方的近况，其中大致可以分为公事、私事两个方面。

2. 公事

有关朋友的工作与发展情况，在这个部分，有必要尽量记住几个关键：

（1）公司名称与基本产品、职务称谓、工作内容及薪酬福利。

（2）部门之间人事相处情况和他的个人感觉。

（3）朋友对这个产业的了解和想法。

3. 私事

有关朋友的家庭、感情生活、共同朋友的状况：

（1）朋友与其父母、兄弟姐妹的情况。

（2）目前的感情生活。

（3）了解他目前或近期个人的发展计划。

4. 沟通

在应用方式上，尽量挑选对方感兴趣的话题，作为下一次沟通时的衔接题材。

在沟通方式上，用问的方法比较能表现主动关心对方的感觉，比方说：

“上次看你工作压力很大，精神很不好，现在好多了吧？”

“那个找你麻烦的主管，最近对你怎么样？”

“你上次穿的那件衣服看起来好有气质，你到底在哪里买的？我一直没找到。”

“你父亲的糖尿病好多了吗？”

但是有些问题则需要稍微避讳一下，比方说私人感情、某些实现起来有困难的目标、工作上的升迁或工资奖金的数额等。这些问题在无法确定对方是否乐于回答时，尽量不先开口比较好。因为像这些问题，常会引起一些争执、意见分歧，使对方讳莫如深。因此，最好是由对方主动向你说明。

如果对方在上次聚会时，曾经发誓、诅咒某个宣言或话题，也要尽可能避免询问，因为如果对方真的做到了，他一定会直接告诉你，和你分享他的成功与兴奋。如果对方没做到，你这就是“哪壶不开提哪壶”，揭人短处自讨没趣。至于工作方面较敏感的工资收入和职务变动也一样，最好都让对方主动去提及。

这些看似复杂的小动作，其实只要多留心观察，多一点记忆就能够做到，但对于并不愿常与朋友互动，或是无法定期聚会的人来说，却是维系人脉的关键。

5. 创意方法

在维系人脉间的互动上，如果能运用一些颇具创意的方法，一定能收到非常棒的效果。

比方说，自己亲手做一些小手工艺品，当作送给朋友生日或升职的贺礼，这样不但省钱，而且也表现自己的一片心意和独特的创意。像目前流行的串珠、中国结或环保艺术品、编织的幸运带或是自己捏出并烧制的陶艺品、剪纸、卡通画，甚至可以做一张友情网页、写首诗等，都是不错的创意礼物。

法则 41：文明小动作，绽放魅力大光辉

人与人之间的交流沟通包括点头、举手、起立、鼓掌、拥抱等举止。如何让这些动作折射出魅力的光辉，需要做到如下几个方面。

1. 点头

这是一种最常见的礼貌举止，经常用于与熟人打招呼。用点头来打招呼时，点头者应用眼看着对方，面部略带微笑，等对方有表示时再转向他方。点头打招呼也可以在较大的迎送场合使用，当迎送者较多或距离较远时可以用点头表示敬意，也可以点头和握手配合使用。

2. 举手

这是一种与对方较远或交臂而过时间仓促时的打招呼方式，也是一种常见的礼貌行为举止。由于条件所限，举手打招呼是最合适的，用这种随机的礼貌举止可以消除对方的误会，并感到与正常招呼差不多的满意。这种方式不但可以表示认出对方，而且还可以在短距离内表达你的敬意。

3. 起立

这是一种在较正式场合使用的，位卑者向位尊者表示敬意的礼貌举止。常用于集会时对报告人到场或重要来宾莅临时致敬。

4. 鼓掌

这是在社交场合表达赞许或向别人祝贺等感情的礼貌举止。正式的社交场合，重要人物出现、精彩演讲或表演结束皆可鼓掌。

5. 拥抱

这是传达亲密感情的礼貌举止。在国外，特别是欧美国家应用广泛。我国通常用于外交活动中的迎来送往场合，偶尔也用于久别重逢、误解消除等难以用语言来表达强烈感情的特殊场合。

当然，一些不礼貌的举止也会影响到你的气质，一定要避免。

第一，抖动腿脚。抖动腿脚能消除紧张情绪，也适合办公室一族锻炼腿部。但在社交场合却是一种很不文明的举止，是缺乏自信心的下意识举动，而且，抖动腿脚还会带动座椅摇动影响他人，让人反感。

第二，挠头摸脑。在交谈中下意识地挠头摸脑也是一种不文明的举止。这个举动经常被人忽视不注意。这种不自然的动作既不卫生，又显示出你的拘束与怯场，会造成他人对你的轻视，认为你社交经验少。

第三，揉鼻挖耳。在公开场合，揉鼻挖耳都是不文明的举止。它不但容易给人带来感官上的刺激，而且还会让人感到你很傲慢、不懂礼貌。

另外，还要注意，在交际中，女士应表现得举止优雅得体，要表现出女性的温柔、娴静、典雅之美，动作要轻柔自如，经常面带微笑，笑容自然，使人感到亲切友善。在公开社交场合，女士举止应自然大方，不要忸怩作态，不要轻佻，更不可挤眉弄眼，过分地装出一副笑脸，给人的感觉就如同献媚。在青年男女共同社交场合，女子之间切忌交头接耳窃窃私语，以及发出一些使人莫名其妙的笑声。女士担任主人的职务时应注意男士的处境。当一位男士身处几位女士之中，他会感到不自然。这时女主人应主动“出击”，找出共同话题。当女士被男士邀请时，不要断然拒绝或含糊其辞，如不能赴约，应给以解释或婉言谢绝，更不可出言不逊使人难堪。

在与人来往时，除了需要避免不文明举止外，与人交谈时还应该注意交谈时双方的距离。距离过近或过远都会有失礼貌。距离过远，会使交谈者误认为不愿与之接近，有拒人千里之外的感觉；距离过近，稍有不慎就会把唾沫溅到别人脸上，或者口中或身上的异味被别人闻到，令人生厌。如果对方是异性，对距离的保持不适当，还会使之戒备或者被他人误会，特别是未婚男性与未婚女性之间。如果男性有吸烟史或口臭等口腔之疾，更要注意自己的形象，不要忘乎所以地谈论，要考虑别人的感受。那么，与人交谈时到底保持怎样的距离才算合适呢？这主要根据具体情况而定，一般礼貌距离是0～45厘米为亲密距离，45～120厘米为熟人距离，120～300厘米为社交距离；360～800厘米为公众距离。

第六章

深谙“放电”之道：

分秒间让异性走近你

异性之间在初次接触中，第一印象非常重要。有位心理学家曾做过调查，恋爱期间约会，第一次见面时对方的模样、说的话、神情动作，多少年后仍有清晰印象，而以后多少次的约会，大都记不起来了。究其原理，是因为第一印象具有强烈的认识和记忆效能。

人们常说所谓的一见钟情，就是两人初次见面，大概6秒钟内就能对此作出的评价。

法则 42：难逃以貌取人，放电有迹可寻

人类是感观性极强的动物，每个人都喜欢帅男俊女。无论一个人如何强调他看中的不是外表，但他的眼睛逃避不了自己的心。人与人之间初次接触，外表外貌给人的印象尤为重要。甚至在男女相见、约会时，是否会有继续交往下去的可能。

男女最初见面，要具备什么样的条件才能互相吸引呢？莫妮卡解释说："挑逗的首要条件是必须要觉得对方有魅力，能吸引自己，而漂亮的外表是其中的要素。"美的客观标准是有一副对称的五官，对中国男性而言，女性如果拥有一双大眼睛、樱桃小嘴，以及大小适中的鼻子，便是美。当然身材也很重要。

对女性而言，一个有社会地位和经济实力的男人，会最具吸引力。在外貌上，女性特别喜欢那些面部轮廓分明的男人。

在男人或女人的脑子里，往往都有一幅理想对象的构图，当看到可吸引自己的人出现后，就会将那人的外貌、特点，与自己的拼图进行核对，一旦吻合，便展开追求攻势。

难怪很多人一见钟情时，都惊呼终于找到了"梦中情人"。

事实上，男女之间的“放电”是有迹可寻的，心理学家曾在饭店、酒吧等地方，做了长期的观察研究，发现两性之间的挑逗，可以分为三个阶段。

第一阶段，男女双方进行大范围“狩猎”，寻觅目标，倘若见到合自己心意的异性，一开始只会匆匆瞥一眼，然后便会移开目光，心里盘算着应该怎样发放挑逗的信号。

第二阶段，由单方面发展到双方面，双方开始积极传送信号，包括面部表情、姿势及其他身体语言，根据心理学家研究发现，男女分别有一套特别的信号用来吸引对方。

男性常用的“放电”信号——

眼神：对望。

笑容：微笑。

身体：贴椅背直坐或挺腰站立，将胸部尽量伸展，显示其肌肉及男子汉气概；吸烟者会把玩火机或夸大吸烟姿势。

装扮：西装或一身名牌装扮，显示其身份地位。

女性常用的“放电”信号——

头发：撩拨、抚弄或将头发绕圈。

眼神：瞥一瞥、凝望、对视、睁大眼睛。

笑容：含羞地笑、稚气地笑、温柔地笑、微微掀起嘴角似笑非笑。

嘴唇：轻撅、轻舔、轻咬。

颈项：轻抚颈项，突出颈部线条。

身体：挺胸收腹，从而令臀部凸起，显露身体线条。

动作：轻轻晃动小腿，微微摇晃身体。

装扮：贴身衣裙、高跟鞋。

第三阶段，当接收到对方的信号，男女双方都想进一步发展关系时，便会采取实际行动，如向对方走近、攀谈，在谈话时会玩一些小把戏，例如把玩桌上物品之类的小动作，以期能借机触碰对方的指头，来开始最初的身体接触。

掌握了这些“暗号”，有助于男女建立美好的恋爱关系，甚至可能促成一桩美满的婚姻。因此，在异性之间的交往是需要掌握一定的技巧和“把戏”的。

法则 43：培养强大的吸引力，让 Ta 想靠近

专门研究人际关系的香港中文大学心理学系陈钧承副教授指出，外貌在吸引异性上虽然占有颇重要的地位，但尚有其他途径可增强自己的吸引力：

一是选择合适环境。酒吧、咖啡厅、舞厅等公众场合，是结识异性的好场合。场内昏黄的灯光可使面部轮廓看起来更美好，轻柔的音乐有助于营造浪漫气氛，强劲的音乐则可令人态度变得较开放、热情。

二是勤“放电”。懂得发放“信号”者，无论男女，都会较

受欢迎。实验证明，以女性为例，如在一个钟头内发出35个“求偶信号”，平均能吸引到4名男性的目光。但需注意发放信号时不能千篇一律，要不断转换方式。

三是突出衣饰装扮。女士宜略施脂粉，使自己在人群中更显眼，男士则不妨以笔挺西装，或成熟稳重的衣着，来显示自己的社会地位。

四是适当的眼神接触。用“心灵之窗”交流，是“放电”过程中极为重要的一环，眼神接触最好维持1～2秒，因为时间过长会令人觉得浑身不自在，但过短又容易被忽视。欲拒还迎的眼神，最能慑住别人对你的目光。

五是恰当的对话。可尝试用一个较幽默的句子来打开彼此的话匣子。谈话内容可触及自己的学历或简单背景，从而与对方寻求共通点，增加彼此亲切感。

有时候，在约会时恰当地选择座位，会使对方确认你同他的一体感。

与异性相会，如何选择座位，也大有讲究。比如坐在对面或旁边，其所表示的心理状态就大不一样。坐在对面，双方都处于可以观察对方的最佳位置上，很容易产生视线冲突这种对峙关系。如果坐在旁边，就可以免除这种对峙关系，而且由于都朝着同一方向，注视相同的对象，便很容易产生某种连带感。

在法国的巴黎，马路边常放有许多椅子，知心好友在这里闲聊的很多。其实，一些陌生人也常坐在这里，也许还谈得很投机。在这里，人们习惯比肩而坐。因为采取这种坐法，情绪安定，谈话方便。有时，彼此也会产生共同感。感动之余，也可斜着身体成交叉状，情绪更便于连成一气，而且显得心平气和。

由此可见，坐在旁边，比坐在对面更容易使两个人具有强烈的亲密感。因为这种坐法确认了你与对方的一体感。有些朋友，斜对面坐着，或坐在旁边，无形中就增加了亲密感。只要亲密感骤然增加，这就表示无言的暗流已经沟通。

一个人有必要注重自己的外貌和外形，但也要注重外貌之外的吸引力。一个外表与内在完美结合的人才会给人留下不可磨灭的印象。异性之间更是如此。你的一举手一投足，在对方眼里都会留下一定的印象，切不可忽视。

法则 44：坚守男女交往中“三 S”原则

所谓的“三S”政策，即英文中的Smile（微笑）、Sight（眼神）、Skin—Ship（肌肤接触）。

男女交往往往只不过是一个两性互相吸引的过程。真正的“冲锋陷阵”“两阵交锋”，往往就要依男女交往时的某些“小技巧”来加以达成。所以想介绍给大家知道“两性吸引”的“三S政策”，大家和异性面对面时可以自由发挥，增大阁下对对方的吸引力。

Smile——微笑

向对方微笑立即就可以向对方发放“友善”“好感”的讯息，亦可以令对方立时知晓，在对方出现的时候，发出微笑者内在的气氛是“快乐”“开心”“欢悦”的。换句话说，向对方轻轻微笑就令对方立即知道，自己是“开心之源”。而一个人知道自己“受欢迎”就会产生一种“飘飘然”的感觉，容易对对方产生好感。

Sight——眼神

控制自己的眼神就可以同时控制对方的情绪。Sight之最有效的方法就是配合上一个Smile一同运用。在与异性互相吸引的过程中，如果我们一方面对着对方微笑，而另一方面又同时向他/她授以一个深情款款的眼神，对方就立即意会到，自己已经吸引了阁下，成了“被爱者”。

Skin-Ship——肌肤接触

用微笑用眼神都还未能足够表达出一方对另外一方的“爱意”，一定要手拖手，肩并肩才可以连成这种“深爱”，这种爱意之深之广，相信对方会第一时间领会了。

另外，手拖手，肩并肩，甚至于皮肤与皮肤之间的摩擦，往往可以给对方造出一个感觉：你是想通过肌肤的亲密接触，希望和对方成为“两位一体”，构成一个“二人世界”，联成一个“共同体”，成就了皮肤上面的“婚礼”。

此外，在与异性交往的过程中还要遵循如下四点。

1. 交往要自然

所谓自然的交往，即指无论是言语、表情、行为举止，还是情感流露甚至所思所想都要做到自然、顺畅而不矫揉造作，既不要过分夸张，也不要闪烁其词；既不要盲目冲动，也不忸怩做作。建立正常异性关系的前提就是消除异性交往中的不自然感。自然原则的最好体现是“像对待同性同学那样对待异性同学，像建立同性关系那样建立异性关系，像进行同性交往那样进行异性交往。”千万不要因为异性因素而使交往变得不舒服或不自然。

2. 交往要适度

人与人之间的交往讲究智谋的原则，尤其是异性交往的程度和方式更要恰到好处。既不要盲目地萌发情爱，也不要因不好意思回绝异性而给交往双方的心灵造成伤害。

3.态度要真诚

这是指异性之间交往的态度问题。无论与何人交往态度是首要的。我们对待异性，要像结交同性朋友那样。在自我设防的情况下不要吝惜你的真诚。

4. 要给自己留有余地

无论与任何人交往都不能把事做绝，异性交往尤其如此。异性交往中，你的所言所行都要留有一定余地，不能毫无顾忌地眉目传情，更不可举止轻浮。比如谈话中涉及两性之间的一些敏感话题时要回避，交往中的身体接触要有分寸等。特别女性朋友，在其与异性的长期交往中，一定要注意把握关系的尺度。

法则45：适当赞美关怀，击中对方的软肋

人人都渴望赞美，都渴望被关注、被呵护。尤其是女人，在这方面显然具有更强的虚荣心。她们渴望男人将自己捧在掌心，渴望被夸赞。

善于追求女性的男人都有一个特色，那就是非常会献殷勤。只要对方需要，任何事他都 会帮她做到。这在一些影视剧中尤其能看到。比如，为了追求一个心仪的女子，某男会买上999朵鲜红的玫瑰，赠予女方，以表达自己的爱慕之心。

这样的男人因其深知女性的心理，不仅对女性在言语上表示关切，更在实际行动上不忘俘获芳心。

虽然也有很多女性，警戒心很强，但是，只要你能把事做到她的心里，发自内心地给予关怀和呵护，或者在某件事情上主动帮个小忙，就很容易打动芳心。其结果，可能会是一向冷冰冰的面孔变得异常亲切起来。男性朋友们，与其用言语夸赞她，不如经常帮她一点小忙吧。

当然，适当的称赞也是必不可少的。这会让对方觉得在你心目中的分量。称赞异性，要讲究技巧。初次见面，你过分的赞美还可能被对方理解成于过露骨的奉承而给人留下低俗的印象，无法将自己要表达的意思正确地传递给对方。

和异性的第一次会面，不妨采用含意模糊的词句，对方多半会往好的方面理解。比如说："你的眼睛很美丽"，这是句很具体的赞美，如果对方对自己的眼睛一向感到自豪，听了这句话，心里当然很高兴。相反，如果对方认为自己的眼睛大而无神或缺乏魅力，难免会认为你是有意讽刺。

因此，倒不如含含糊糊地说："你的气质很好"，反而能收到意想不到的效果。

另外，你可以适时地赞美一下对方佩戴的饰物或衣着打扮，会让人觉得你在关心他，觉得你富有人情味，而对你留下好印象。

从谈话对方佩戴的饰物或服装的某些特点，来表现自己的关心。对于我们每个人来说，都希望能够得到别人的关心，并且也会对关心自己的人产生好感。所以同样的，想要得到对方的好感，就必须积极表示你对对方的关心。

尤其对于女性，你赞美一下她的小饰物或衣着打扮，她会感到很高兴。

在表示了自己对对方的关心之后，不妨再提些有建设性的意见。

比如对女性说："你的发型很漂亮"，之后再加一句："如果再剪短些，会更可爱"。

这一方面进一步表示了对对方的关注，而这种关切之情极度满足了对方的自尊心，故而会对你的印象更加深刻。

现代社会，大多数女性都喜欢"暖男"，图的就是两个字

“贴心”。男性朋友要想俘获芳心，不妨从自身做起，做个新时代的暖男吧！无论是温暖的男人还是温柔的女人，运气都不会太差。

法则46：女人适当“坏”，男人更加爱

人们常说：男人不坏，女人不爱。实际上，有时候，女人不坏，男人不爱。这样说也是正确的。因此，聪明的女性朋友，不妨也尝试着做一个“坏女孩”。

事实表明，太温顺的女孩，往往会被男人无视，他们觉得如此温顺贤惠的女孩一定不会离开自己，从而会忽视女友的感受。要让男人全身心地爱你，就不要做温顺的小羔羊。不妨学做让男人爱恨交织的“坏女孩”。

很多女孩子善解人意、为人随和，注意内在修养、对待感情认真，可是，为什么却一直都没有男朋友？这是为什么呢？而往往人们眼中的“坏女孩”却是感情路上丰富而多彩。如何做一个让男生喜爱的“坏女孩”呢？

1.一定要注意收拾自己

无论你信不信，男人都爱美女，他们都是“视觉动物”。其实很好理解，和一个陌生的人接触，当然会首先注意她的外表。都说没有丑女人，只有懒女人，大多数人都并非天生丽质，但至

少要学会打扮自己。很难想象，一个不顾外表的女人是爱自己的，连自己都不会爱，那么估计男人也很难爱上她。

2.要面对现实，不要做梦

你难道还在等待一个多金痴情的男人忽然爱上平凡到掉渣的你么？你难道还在幻想执子之手谈情说爱而不用理会吃喝拉撒这些俗事的恋爱么？请醒一醒，要嫁给王子，那还得是个公主呢——连童话都是这么讲的。我们都只是平凡真实的人，多数时候面对的是生活的琐碎和无奈，而不是一谈恋爱就非得有人得“白血病”，死去活来。

3.表达自己的感受

是的，没错，你照顾别人的感受、你很少发表自己的建议。可是，很多男人喜欢的，并非是一味迁就和沉默。“你不说，我怎么知道你想要什么？”男人其实更喜欢那些懂得表达和沟通的女人，都说“谈”恋爱，可见，会说话对一段恋爱有多重要了。

4.多参加一些活动

现在已经是2010年了，不要再把大门不出二门不迈当美德。你不出来、不结交朋友，谁知道你是一个值得人爱的好女人？也不要再依赖网络了，你还没发现吗，用聊天工具聊天和面对面聊天完全是两回事情，甚至你会发现，两个在网络上相谈甚欢的人，在现实中居然不知该怎么交流……想要谈恋爱，先出门来再说吧！

5.让自己充满乐趣

爱情本身是一件让人快乐的事，谁会想和一个单调的人在一起？你可能会说，书上不是说男人都喜欢女人肤浅一点、不要有太多主见吗？拜托，这是哪个年代、谁写的误人子弟的“教材”？一个有自信的好男人，喜欢的一定是内心够丰富、有活力的女性，如果你喜欢一个不自信到需要以女友的单调来陪衬的男人，当我没说。

“坏女孩”首先要具有弹性的性格，善于施展女性魅力，还要有明朗的个性，当然最好加上天使的容貌、魔鬼的身材……

其实做个“坏女孩”并不坏，有时这是对自己的魅力与美丽的善待，它让一切发挥到极致，也让男人在拥有的同时享受人生最大的快乐与满足。

法则 47：适时主动出击，更易赢得爱情

幸福往往要把握在自己的手中。但是，由于受中国古代文化的影响，认为女人的美德就是温婉内敛，就应该享受被追求的快乐。因此，女追男，认为自贬身价。而男性又在看中一个女孩，往往又害怕拒绝而犹豫不决。

作为女孩，当你遇到一位自己喜欢的男孩，就要学会鼓起勇气，主动出击。但生活中有许多女孩，虽然明知道爱情来了，却因为有这样或那样的顾虑，从而错失了许多良机。敢于用女人的智慧、温柔、善良来追求幸福的女人，更有能力来把

握她的未来。

只要是真心喜欢，就该趁着自己正年轻，主动出击。要知道，这个世界强人多得很，聪明的女孩子要学会该出手时就出手，不要错失大好时机。

男孩不要害怕被拒绝，女孩不要恪守矜持的传统。遇到好的，就要主动出击，要知道幸福往往把握在自己的手中。

当真实的感情发生的时候，女人往往喜欢回避，这就产生了世间的痴男怨女，但是如果面对真实的感情表露得太过直接，就会破坏了这种隐隐神秘的感觉。如果女人在面对自己喜欢的人的时候，采取一些迂回的战术，既可能达到目的，也保住了女孩矜持的传统习性。

女人往往会惺惺作态，喜欢耍小心眼，那不过是因为太喜欢对方的另一种表达方式，女人的“故作姿态”意思是说：“我太喜欢你了，但这么快就表现出我的感情，怕让你觉得我太随便了。”

对于女人耍心眼的解释就是：为了保护自己而掩藏真实感情。

随着她对他的感情日益加深，她内心的防御堡垒逐渐坍塌，再不会向他耍心眼了。她开始与他谈自己内心深处的想法和生活中的甜酸苦辣，告诉他那些原本只会记在日记中的事情。要知道，女方对你的感情越深，就会同你越亲密，也就越不会对你耍心眼。因为，她信任你，认为与你在一起很安全。如果你欺骗她，撒谎吹牛、瞎话连篇，那你就永远也别想解除她的戒心。

其实，很多时候男人并不知道，女人想跟他索要一个承诺只是想让自己内心深处觉得有安慰。即使你的承诺是个空话!但她也会毫无保留地去好好爱你。当女人真正奉献出一切的时候，男人已经多少开始觉得吃定女人，爱理不理，用各种语言去敷衍。所以，在现实的社会中，女人一定要有自己的事业，金钱甚至更多的东西!

恋爱就像是经营一项事业，也需要运用你的智慧。盲目地去爱，一味对他好，他未必就领情。恋爱时，不妨多留些“小心眼”，不要太投入，只爱一点点就好，永远给自己留有余地。

1. 永远不说多爱你

有句名言是：“女孩永远不要让男人知道她爱他，他会因此而自大。”

2. 一天只打一通电话

在对方意犹未尽时先挂断，保持适度神秘感，没有男人喜欢喋喋不休的女孩。

3. 保持一颗平常心

很少有人一生只爱一次，十有八九的恋爱以分手告终，要以平常心看待欢聚与别离。没有了谁，日子还得往下过。好聚好散，千万别一哭二闹三上吊，这只会使自己变得很可怜。

4. 不要迁就他太多

谁也不欠谁的，爱他是他的福气。在恋爱中，两个人都是主角，要有自己的主见，懂得适当拒绝。

5. 尽量不要在经济上有纠葛

金钱是个敏感的话题，恋爱男女一涉及现实利益马上翻脸的例子不在少数。感情归感情，金钱归金钱，还是应该泾渭分明，免得赔了夫人又折兵。

6. 不要逼婚

太爱一个人就会想要天长地久，这时候就渴望起世俗婚姻了。一个劲在男友面前提婚纱啊买房啊，把结婚的渴望明明白白地挂在脸上，这样只会吓跑他。如果对方想结婚，不用你暗示他也会去买戒指。

7. 不要为了爱他生小孩

男人一旦决心要离开你，就很难让他回头了，如果想用孩子来羁绊男人就太不明智了，你不能让对方对你负责，却要去负责一个小生命，这不是自找麻烦吗？

8. 不要天天厮守

爱情的寿命是有限的，要让爱情寿命长一点就要保持一个适当的距离。如果有了肌肤之亲，千万别摆出一副非你莫嫁的样子。性是双方共同的感受，是感情的升华，而不是彼此的负担。

9. 对方永远只是生活的一部分

三毛曾经说：“我的心有很多房间，荷西也只是进来坐一坐。”要有自己的社交圈子，别一谈恋爱就原地蒸发，和所有的朋友都断了往来，这只会让你的生活越来越狭窄。

10. 少喝飞醋少流泪

去问问现代的男人，薛宝钗和林黛玉他们会选哪一个？现实生活已经太累，谁还有精力去哄三天一小哭、五天一大闹的林黛玉式的女友？

女孩一定要懂得保护自己，一定要让男人为自己牺牲。适当地要要小心眼，你得到的会更多。

法则48：喜欢就直说，吞吞吐吐会错过

两个人在一起就是要相互依靠，而不是让彼此感觉活得更加累。有任何意见就应该及时提出来，把自己真实的感觉让对方知道，这样才不会产生误会，才能真正地解决问题。

对性情直率的人宜用此法。这种求爱的方式直接、坦率，不虚伪造作。坦率、毫无保留地向对方倾吐自己的感情，对方会先是惊讶，然后就是感动了。

对于有一定感情基础，或两个人已经暗地互相倾慕，只需“捅破那层纸”的双方来说，坦率地直抒胸臆不但省力，而且别有一番风味。两个有不同生活背景的人在一起，矛盾在所难免，有了不高兴，就一定要说出来。只有这样，才能把矛盾消灭在萌芽状态。毕竟每个人都是独立的个体，都有独立的个性，也有所坚持。

因为这样，每个人才会表现得不一样，在茫茫人海中独一无二地被发现、被看重。如果你是一个毫无个性的人，反而很容易被这个世界忽略。

一开始交往的时候，两个人都在摸索彼此的个性、生活态度、生活习惯。虽然我们口头上总是会说，“爱，就是要包容对方的一切”，可是这样漫无目标的包容，往往只有在热恋期以及盲目的恋爱中才能做得到。

我们不能期待对方一开始就对我们全盘掌握，知道我们的各种喜好。因为这个部分，需要时间和沟通去了解。约会的过程，就是彼此摸索这个的过程。发现对方身上有自己喜爱的优点，就全力赞美他，发现对方身上有自己无法接受的缺点，也要理性沟通。这是约会的重要目标。

让对方知道，不一定是非要对方接受。也许对方是接受的，也许是不接受的，无论如何，你都需要把自己的想法说出来。直接或委婉地把自己不高兴的事情说出来，让对方试着接受或是试着和你取得相处上的和谐。

很多恋情一开始好得不得了，可是后来总是不了了之。有人说，这就是“因为误会而结合，因为了解而分离”。其实这种遗憾可以不必存在，只要在热恋的时候把自己完整地表达出来，趁着对方还一头热的时候想尽办法调整步调就够了。

即使恋爱会冲昏头，为了保障恋情长长久久，我们也不能盲目接受所有相处上的不开心。把不高兴的事情都说出来吧，像你不喜欢喝咖啡，你不喜欢逛街……那都无所谓，重要的是，你一定要说出来。

不要每次约会明明很不舒服，却硬是要强颜欢笑，维持约会的好气氛。如果这样做的话，可能等到热恋期一过，所有讨厌的事情变得更讨厌，连人也变得很讨厌，那就只能走向分手了。

说出来，不管对方高不高兴，看看对方的处理方式是什么，如果他的处理方式是逃避、是忽略，那么你可以在心里判断出这个约会对象的分数如何；如果他的处理方式是正视并且改善，那么即便你们未来可能遇到更大的意见不合，也可能从这个模式开始一个一个处理掉。

到最后，你们之间会很少争吵，因为你们在热恋之初，就已经找好彼此处理这种意见不合的方法了。

所以，在恋爱中我们要保持自己的一些想法，不论是优点或者是缺点，在每个人身上都会有，我们不必急着为对方改变什么，因为也许我们自认的那个缺点，可能刚好是对方欣赏的可爱之处。但是我们有责任让对方知道，我们喜欢什么或不喜欢什么，我们接受什么或不接受什么。

爱一个人，开始不要爱得那么多。当你发现他好到足够你去爱的时候，也要对自己有所保留。一个真正能让你动心的人，一定是个时时刻刻为你着想的人，而不是每时每刻都在索取的人。如果爱有十分，那么你要控制自己只可给出五分，只有可进可退才是安全的。

法则 49：慧眼识真人，美好姻缘一念间

无论男女，同时被几个人追求的时候，往往会应接不暇、不知所措，陷入茫然的境地。也许，你会发现其中的某一个还可以；也许，你会觉得其中有几个都不错；也许，你认为全都不中意。如何选择自己的另一半呢？这就需要你培养一双慧眼了。

这一个又一个的求爱者，可能使你挑花了眼，也可能使你挑出一个幸福的伴侣。接受求爱是人生的一件大事，大是大非面前，决不可轻率定音，要作一个理性的分析。

1. 首先，考虑一下自己是否可以接受求爱。如果你还是一个中学生，或者有其他原因而不能承担起爱的责任的时候，不要接受别人的求爱，那是自私的做法。

2. 其次，要仔细分析一下向你求爱的人的条件和真正动机。求爱的人可能会有三种：

第一种人，动机纯正，为人正派，真心诚意地愿意与你建立爱情关系。这样的人也许你没有注意，而他却早在观察和了解你了。在他对你有了较深的认识和了解之后，他对你感到非常满意，于是向你求爱。如果他的外在形象、思想品质、工作表现以及生活态度，并没有引起你的反感，那你不妨把他当作一个“候选人”。

第二种人，向你求爱可能是很认真的，但动机不纯。引起他倾

慕的只是你的漂亮、家庭条件好或者父母地位高等因素，并未注意你的思想、人品等方面，而且也没有考虑目前是否有发展爱情的可能，以及将来是否有共同生活的基础。对这样的人，决不可轻易许愿。

第三种人，对你根本没有什么真正的感情，只是把恋爱当儿戏，以追求异性为消遣，甚至还可能有其他不可告人的目的。对这样的人，你不仅要坚决回绝，而且要提出严肃的批评，必要时还可以要求第三方出面帮助教育。

3. 面对着众多动机纯正、条件不错的求爱者而难以抉择的时候，应当主动听取家长和好朋友的意见。有时候，求爱棋局外的人可能比你更清醒。

4. 参谋之后，还是有多种选择的话，最好选择自己比较了解的求爱者。

5. 一旦做出选择之后，就要专心去爱，不要三心二意。

如何拒绝别人的求爱？

有人向你求爱时，内心会感到一种满足和幸福，可是如果求爱的人自己并不中意的时候，就又多了一份苦恼和失落：既想拒绝这一份爱情表白，又怕伤了对方的心，尤其是在对方与自己有深厚友谊的情况下。

然而，不管多么困难，不能接受的爱情总是要加以拒绝的。拒绝别人的求爱，要选择好方法和时机。

1. 态度要坚决

拒绝难免是一种伤害，但不能因此而犹豫不决。向你求爱的人对你的言行自然非常敏感，如果你拒绝的态度不够坚决，很容易使对方误以为你在假装拒绝，这样下去，最后带来的伤害更大。

2. 尽力给对方留下颜面

无论用什么方法，都要注意尽量减少对方的心理挫折，这样对方也易于接受。比如，不妨先对对方的人品和才华等加以赞许，然后说明你为什么不能接受求爱的理由；说出的理由要合乎情理，最好从对方的角度提出有利的方面，让对方觉得拒绝也是为了他（她）好；如果必须给其他人做出解释，你不妨把问题归咎于自己，避免给人单单造成一个冷酷拒绝的印象。

3. 选择恰当的方式

考虑你们平素的关系和对方的个性特点，可以恰当地选择冷处理、面谈或书信等方式进行拒绝。建议不要采用托人转告的方式，因为这样显得不尊重对方，还会使对方觉得在其他人面前丢脸，可能激起对方的报复心理。

4. 选择合适的时机

时机很重要，不要在对方一表白时立即加以拒绝，此时对方很难接受；但也不可拖延太久，给对方造成误会。具体选择什么时机要视具体情况而定。

5. 适当求助

如果对方开始无理纠缠，则应该向老师、家长或朋友求助，共同解决问题。

第七章

擅用社交软件语言：

字里行间尽显无穷魅力

随着现代科技的日新月异、网络的普及，社交软件已成为人们日常工作、生活不可或缺的重要工具。一封情真意切的邮件，一份真诚合作的商务电函，都会给对方留下深刻的印象。网络社交类似于现实社交，但又有别于现实社交。人们凭借的是字符、表情传情达意。因此，掌握一定的网络交际技巧，尤为必要。

法则 50：撰写邮件，在沟通中有礼有节

如今，互联网已融入人们的生活中，成为现代人工作、学习、生活、休闲等不可或缺的必要工具。无论在电子商务还是私人往来时，人们都会用到电子邮件，传递文件、交流意见、沟通情感。虽然只是一封电子邮件，但也处处体现出一个人的修养，邮件的内容很可能决定一件事情的成败。比如，一份详略得体、有礼有序的个人简历邮件，可能助你登上更好的工作平台；而一份漫不经心的求职邮件就有可能石沉网海。

电子邮件一般包括：主题、称呼、正文三大部分。在电子邮件往来中，需要遵守如下几个方面。

1. 主题

邮件的主题就是邮件的眼，一定要提纲挈领，主题鲜明，让人一目了然。添加邮件主题是电子邮件和邮政信笺的主要不同点，在邮件主题栏尽可能用较少的字概括出整个邮件的内容，这样便于收件人权衡邮件的轻重缓急，分别处理。

添加邮件主题要注意如下几点：

（1）一定不要不写标题，这在邮件往来中是最失礼的行为。

（2）标题不宜冗长，一定要简短。

（3）最好注明来自××公司的邮件，以便对方收到邮件后了然于心，便于留存。因一般的邮箱会自动生成时间，故而可以省略。

（4）标题要醒目地表达出邮件的内容和重要性，切忌用语含混不清，比如“张先生收”。更不要使用没有实际内容的主题，比如：“嗨！”“收着！”等等。

（5）一封邮件尽可能只针对一个主题，不宜在一封邮件中谈及多件事情。

（6）为了突出标题，引起收件人的注意，可适当使用大写字母或特殊字符，但应适度，千万不要随意使用“紧急”之类的字眼。

（7）回复对方邮件时，应当根据回复内容的需要适当更改标题，不要“RE”一大串。

（8）最为重要的一点是，邮件主题栏千万不能出现错别字或言语不通顺，在邮件发出前一定要检查一下主题。主题是给你留在邮件往来时给别人的第一印象，一定要谨慎对待。

2. 称呼与问候

（1）称呼得当

称呼格式：第一行顶格写。

邮件的开头要称呼收件人。既是礼貌，也是明确提醒收件人此邮件是发给他的，要其给出必要的回应；在同时发给多个收件人的情况下也可以称呼“大家”或者“ALL”。

如果清楚对方职务，应按职务尊称对方，如“×经理”；如果不清楚对方职务，则通常称为“×先生”“×女士”“×小姐”等。

对于不熟悉的人不宜直接称呼其英文名，对于级别高于自己的人也不宜称呼其英文名。称呼全名也欠缺礼貌。更不要随意使用“Dear ×××”。

（2）开头结尾都用问候语

开头问候语格式：称呼后换行，空两格写。

最简单的开头，英文写“Hi”，中文写“你好”或者“您好”。

结尾常见的，英文写“Best Regards”，中文写“祝您如意”“敬颂×安”等。若是长辈应使用“此致敬礼”。

此外需要注意的是，在正式场合应完全使用信件的标准格式，“祝”和“此致”为紧接上一行结尾或换行开头空两格，而“顺利”和“敬礼”则须再次换行并顶格写。

3. 正文

（1）简明扼要，文通句顺

若对方不认识你，首先要说明自己的身份、姓名或你所代表的企业名称，以示对对方的尊重。点名身份要简洁扼要，不可过多，有些联系方式或与正文无关的信息应在签名档写明。

邮件正文应简明扼要地说清事情；如果内容多，正文应只作个摘要性介绍，再以附件进行详细描述。

正文行文应准确清晰的表达，多用简单的词汇和短句，切勿出现晦涩难懂的语句。

（2）注意论述语气

根据收件人与自己的熟络程度、等级关系；邮件是对内还是对外性质的不同，选择恰当的语气进行论述，以免引起对方不适。

尊重对方，请、谢谢之类的语句要经常出现。

电子邮件可轻易地转给他人，因此对别人意见的评论必须谨慎而客观。“邮件门”就是深刻的教训！

（3）复杂之事多用标题，以清晰明确

如果事情复杂，最好用标题，可添加序号，如1、2、3……等，列成小段落清晰明确地说明。切忌长篇大论。

（4）一次邮件交代完整信息

最好在一次邮件中把想要表达的信息全部说清楚。尽量避免出现再发一封“补充”或“更正”之类的邮件，这种做法很可能会引人反感。

（5）避免拼写错误和错别字

正确输入语句，既是对别人的尊重，也是自己态度的体现。必要时使用拼写检查。在邮件发送前，仔细阅读一遍，看有哪些疏漏之处，同时检查行文是否通顺，拼写是否有误。

（6）提示重要信息

适当使用大写字母、颜色字体、粗体斜体、加大字号等，对一些信息进行必要的提示。提示不宜过多，以免影响对方阅读。

（7）利用图片、表格等辅助表达

一些带有技术介绍或讨论性质的邮件，单纯用文字很难表述清楚。最好配合图表加以阐述，收件人一定会表扬你的体贴。

（8）在商务信函里，不要随意使用“ :) ”之类的笑脸字符，避免给人以轻佻之感。

法则 51：邮件往来，关键问题要注意

1. 电子邮件基本礼仪

商界人士在使用电子邮件对外进行联络时，应当遵守的礼仪规范主要包括以下四个方面。

第一，电子邮件应当认真撰写。向他人发送的电子邮件，一定要精心构思，认真撰写。若是随想随写，是既不尊重对方，也不尊重自己。在撰写电子邮件时，以下三点尤其必须注意。

一是，主题要明确。一个电子邮件，大都只有一个主题，并且往往需要在前注明。若是将其归纳得当，收件人见到它便对整个电子邮件一目了然了。

二是，语言要流畅。电子邮件要便于阅读，就要以语言流畅为要，尽量别写生僻字、异体字。引用数据、资料时，则最好标明出处，以便收件人核对。

三是，内容要简洁。网上的时间极为宝贵，所以电子邮件的内容应当简明扼要，愈短愈好。

第二，电子邮件应当避免滥用。在信息社会中，任何人的时间都是无比珍贵的。对商界人士来讲，这一点就显得更加重要了。所以有人才会说："在商务交往中要尊重一个人，首先就要懂得替他节省时间。"

有鉴于此，若无必要，轻易不要向他人乱发电子邮件。尤其是不要以之与他人谈天说地，或是只为了检验一下自己的电子邮件能否成功地发出，更不宜随意以这种方式在网上"征友"。

目前，有不少网民时常会因为自己的电子信箱中堆满了无数的无聊的电子邮件，甚至是陌生人的电子邮件而烦心不堪。对其进行处理，不仅会浪费自己的时间和精力，而且还有可能会耽搁自己的正事。

第三，要小心地写电子邮件里的每一个字和每一句话。

因为现在法律规定电子邮件也可以作为法律证据，是合法的，所以发电子邮件时要小心。如果对公司不利的，千万不要写上，如报价等。发邮件时一定要慎重。

邮件信息不要太冗长。这样不会引起他人注意，别人也不喜欢看下去。

不要在邮件末端列出对方的地址。因为对方知道自己的地址，不用写，写上感觉不太好。

第四，发送附加文件要考虑对方能否阅读该文件。

发第一封你可以先用一般格式发送（对方可以阅读的格式），然后在上面写上“请问一下，如果发送压缩格式（或其他格式）的能不能阅读”。如果可以，你就可以发送压缩格式的了。这样给人感觉你很细心，也很体贴，而且让人感觉这个文件很重要。

邮件不要太公式化。你可以在上面加上Logo等。

2. 电子邮件中的网络礼仪

与流行的观点不同，电子邮件不只是用在你给母亲写信的时候，所有在技术上见多识广的人都在使用电子邮件。以下是教你如何成为像他们一样的老手。

不管你给谁写信，注意礼仪都是很重要的。下面是一些写信的基本规则。

（1）不要“大喊”。全部用大写字母被认为是在“大喊”，很粗鲁。只应在应该“大喊”或强调什么时这么做。

（2）不管做什么，别发干扰邮件。

别给邮件表或你收集到的电子邮件地址中的人发电子邮件，而这些人不希望别人干扰。这会使邮件表或别人的邮箱充满。这种行为很轻率，令人很气愤。如果你这样做了，你会被逮着的。

（3）不要FLAME。FLAME是用激烈的言辞表达对别人的敌视。

（4）别把私人邮件公开发布。如果你收到一封私人信件，把它发送给别人是不明智的。

（5）用好“附件”。你可以把文件附加在电子邮件中。最好不要使用很大的附件，除非你知道收信人确实需要。

（6）使用讽刺时要小心。尤其是刚刚介入一种媒体时，尽量在你电子邮件中坦诚相见。经常讽刺会被人认为是卑鄙。

3. 电子邮件常用速写

写电子邮件的艺术是简洁。下面是一些节省空间的E-mail英文速写：

B47——by the way；

F9I——for your information；

IMHO——in my humble opinion；

IO7——in other woeds；

LOL——laugh out luoud；

O4OH——on the other hand。

电子邮件狂热爱好者的另一个习惯是使用由字符组成的图释（emotion）。有些人能从图释读出很多意思，其中有三个非常常用（把头向左转90度，即可以看清楚）：

:-) 代表基本的笑脸，表示笑容和善意。

;-) 代表眨眼笑，表示歪曲、讽刺或嘲笑。

:-(代表皱眉，表示令人不高兴、令人悲伤的消息。

此外，一定注意邮件十忌：一忌不称呼；二忌乱称呼；三忌回复所有人；四忌把上司列为收件人之一；五忌不将人名排序；六忌正文不分段；七忌不突出重点；八忌不感谢；九忌结束语太多；十忌不署名。

法则 52：来往信函，格式用语要规范

随着科技的发展，手机、电话、互联网等的普及，人们往往忽视了写信的作用。但若要加强对方的印象，尤其是需要向对方表达谢意时，写信的效果要比打电话好得多。

为什么呢？因为写信比打电话麻烦。因此，写信往往给人一种有诚意的感觉。并且信件可永久保留，每读一次信件，对对方的印象就会不由自主地加深一次。另外，信函是一种视觉的效果，通常视觉效果，比听觉效果给人的印象更深刻。

还有一点也相当重要。那就是一些在电话中不好意思说，比如“此恩终生难忘”之类的话，用信函来表达就容易得多了。一封有礼有节、真诚的信件总能给对方留下较好的印象。

通信最基本的礼节是有信必复，不能拖延。有人很高兴收到别人的来信，但是却不及时回信，一拖再拖或干脆不复，抑或草率从事，这都是对别人的不尊重。

通信要求按照固定的格式书写，字迹要清晰、工整，语言要连贯、流畅，不应随便乱涂乱改，不会写的字可以查字典，但是不能偷懒注上拼音或以同音字来代替。

使用打字机打出的私人信件，最好在末尾再写上几行亲笔字，至少也要有亲笔签名，以示尊重。贺信、唁函一类的信件，

以亲笔书写为最好。写信用钢笔为最好，不宜用铅笔，但是墨水要有选择，如有些国家红色墨水表示断交，绿色墨水表示恋爱。

信中的称呼要根据实际情况，依对方与本人的关系而定，一般关系应用尊称，关系特别密切的人之间可用昵称。

信件是交流感情的手段，信的内容不必拘谨，可以在信上充分表达自己的思想和感情，使之具有鲜明的个性。

一个有教养的人不应在信中只谈论自己，而应适当向对方表达自己的关心。

信写好后要按规范叠好装入信封。信纸不要乱折乱叠，邮票要贴在信封正面的右上角。

明信片只适合问候，它是开放式的，所以明信片不宜表白个人隐私，而风景明信片只能用以问安和致贺。

1. 写信应注意的礼节

（1）话语要表示亲热。没有亲属关系的，可称“某某同志”，也可按职务称为“某某教授”或“某经理”之类，对高龄者也可称“某老”；给平辈写信，一般名字前面不宜冠姓，有无亲属关系均可称兄道弟，并无特殊要求。对于有名有字者必须用字称谓以示严谨。写给小辈，有亲属关系的，可用名字加称谓，也可称呼其名；无亲属关系的，可称呼“某某同志”“小王”“小李”之类的。

（2）要有热情的问候语。信的开头要顶格写称呼加冒号，然后第二行空两格写问候语，问候语可长可短，即使只用“你好”

两字，也能体现出写信人的真诚。

（3）正文要言简意赅，切忌长篇大论。写信结束后，就如向朋友告别一样，道声“珍重”同样是非常重要的。祝贺语有格式上的规范要求，一般分两行书写，上一行前空两格，下一行顶格。祝贺语可以套用约定俗成的句式，如“祝你健康”之类，也可另辟蹊径，触景生情。

（4）正确地使用敬语、谦语。敬语、谦语在书信中的使用频率很高，如称别人的书信为“大礼”“惠书”，读别人的信为“捧读”，信末署名自称“后学”“愚弟”等。

信封书写要正确、清晰。这是对邮递员的尊敬。收信人的名字后面要写上“同志”“先生”等称谓，不能写“外公”“阿妹”之类，因为这不符合邮递员与收信人的关系。

2. 回复信件应注意的礼节

信件本来就是一种相互往来的过程，收信后必然要回复。复信要注意的事项有如下几点。

（1）要及时阅读来信。见信如见人，收到信件后一连几天不看，犹如把客人拒之门外，这是很不应该的，而且拖延看信可能会延迟某些重要的事项和信息。根据来信内容决定是否复信、何时复信和如何复信。在复信时，最好说一句是几月几日收到你的信，以免让对方担心信件是否送达。

（2）有些来信可能是求教某个问题或托办某件事情，收信人应明确予以回答。凡是应该帮助而自己又能帮助的，应尽可能伸出援助之手；如果爱莫能助，则应坦诚地说明情况，以取得对方的谅解，并且不致耽误对方及早寻找其他方法。自己可以帮助一臂之力时又办不好的事，也应先给对方复信，以免对方久等。总之，对来信提出的要求，收信人应该坦诚相对、置之不理或避而不答，是不合礼仪要求的。

（3）有时由于种种原因，例如地址更换、出差在外、转信人耽搁等，导致收信人没能及时收到来信，甚至因此贻误了办事的时机，对此，收信人应在收信后立即向对方说明事实情况，取得对方的谅解，并尽可能设法采取一些弥补的措施。

（4）对于社会知名人士来说，由于经常收到一些不相识的崇拜者的来信，最好请人专门帮助回复，或者挑出部分信件自己回复，保持与大众的交流与联系。因为对这些信件一一答复，显然是不可能的，一概不理不问，视而不见或视若包袱，也是不合适的，同时还可以选择适当的机会和方式，如通过新闻媒介向来信者表示自己的谢意。

法则 53：微信、QQ 日常礼仪，必要细节要遵守

微信和QQ都是人们常用的即时聊天、通讯软件，已成为人们日常工作、生活必不可少的通联工具。无论上司、同事，还是朋友、家人，多数情况下都通过微信或QQ保持联络。因此，掌握必

备的微信、QQ社交礼仪是十分必要的。

当我们使用微信与人联络时，就免不了日常的早安、晚安问候，以及节假日的祝福、问候。

1. 问候要真诚

（1）日常问候。避免只发表情，没有文字信息；可以从关怀对方的角度出发，比如提醒添加衣物，下雨带伞等；发一段励志小文，传递正能量的同时，以示对对方的关注和支持。

（2）节假日问候。避免群发祝福，再美的转发也不如自己写的祝福来得更真切；一定加上对方的称呼，注意敬称的使用；末尾署上自己的姓名或昵称，以便让他人记住你。

2. 发送消息要简洁扼要

（1）文本消息。正确无误；称呼得当；简短明了，切忌长篇大论；适当发图，补充说明；文明用语，勿带歧视。

（2）语音。若非熟人，语音前首先应征求对方的同意。如果对方是很重要的人，或者是高端人士，发语音之前一定要征求对方的意见；讲普通话，声音标准清晰；安静环境下发送，避免嘈杂；考虑对方的上网环境，语音消息以短为宜。

（3）图片。内容健康；清晰可见；数量适宜；大小适宜。

3. 回复消息要及时

（1）收到消息应当第一时间回复。

（2）如果有特殊情况比如在开会或者开车，一定要说明情况，并约好回复时间。

（3）文明用语，不使用粗俗、轻佻的语句。

（4）考虑到对方的立场，不要催促对方回复，尊重对方的意愿。

4. 发送文件先征求对方意见

（1）视频。征求对方的同意并说明所发视频的主题；画面要清晰，大小要适宜。

（2）名片。事先要征求对方的同意并说明用意。

5. 转发文章注意事项

微信群、QQ群、QQ空间和微信朋友圈就像是一个个公开的言论场所，网友可以通过你发表的消息得知你的近况。有的人群太多，工作也忙，无暇顾及这些，所以为了尊重微友们的时间和心情，在使用微信或QQ时应注意如下几点：

（1）转发前要事先点赞或在评论中告知转发分享的原因。

（2）转发时把版权交代清楚。链接分享要注明转自哪里，原创作品要注明原创人。

（3）杜绝传递负面情绪。

（4）不发布或转发“如果不转发就……”等带有诅咒性字眼的微信。

（5）若非必要，不要在微信群里单独与某人聊天，以免干扰别人。

（6）建群前请与微友沟通好，避免把互不相识的人拉进一个群。

（7）微信不能保证时时在线，重要的事情还是电话联系。

（8）不发布低俗的黄色信息或涉及国家机密、别人隐私等信息。

（9）无论发文字、图片或表情，都不要刷屏。

（10）不在群里随便发语音，发语音前先征求群友的意见。同时，尽量避免发很长的语音，以免给他人造成流量压力。

（11）可以在朋友圈里统一发祝福微信。对于平时联系较多的师长、亲友，还是单独发祝福为好。这样更能表示出你的诚意。QQ可以在签名栏发祝福短信，上线的朋友会看到。

（12）微信朋友圈或QQ空间，要保持适时的互动，别人赞你也要回赞，以示捧场和谦逊。

（13）不要轻易转发捐款、捐助、收养等链接，如要转发请在转发之前核实，以免虚假信息给朋友造成伤害，这也是对自己信誉的维护。

（14）尽量别在别人午睡时间发消息，晚上12点以后尽量不在群里发微信。

法则 54：微信、QQ 商务礼仪，必备环节要掌握

微信、QQ商务礼仪主要有：

1. 昵称和头像

昵称尽量使用真实姓名，最好注明公司名称或者产品名。头

像尽可能地接近本人，以亲切真实为准并能很好地突出你的职业特征。

2. 签名

尽量提供对你的工作有利的信息，让别人看你签名就知道你想合作的大体方向。签名要简洁易懂。

3. 打招呼

对于商务往来，不要只说“你好”或“在不在”就没有下文，要顺带说明来意。在索要对方微信或QQ号码时，要先问是否方便加为好友以便日后联系。加友后自报家门，用最简短的方式介绍自己。

4. 关于群聊

拉别人进群之前一定先征求被拉对象的意见。群昵称的修改要结合群的主题，以清晰明了为准。群聊时避免与人发生冲突或矛盾，更不要爆粗口。无论你多么有理，只要脏话一出口，你在别人眼中的印象就大打折扣。

5. 朋友圈

发朋友圈之前看还有哪些消息没有回复，给朋友一一回复后再发朋友圈。避免整天炫耀吃喝玩乐，多发些具有人生启迪、与生活密切相关的链接。如果做微商，尽量控制发朋友圈的次数和规模。在未征求别人同意时，不要把和别人的聊天界面分享到朋友圈。朋友圈有人点赞或互动，看到要及时回复。

6. 重要事宜

对于非常重要的事情，能语音不发文字，能打电话不发微信。

7. 关于验证

不要怀疑别人是否把你拉黑，更不要发所谓的群发验证消息。此举一方面会体现出你对别人的不信任，会让别人觉得自己不被信任；另一方面，如果别人给你发验证消息，你可以视情况尽可能将其拉黑，因为此举说明他本身没有自信或对你不信任。一个不自信并对你不信任的朋友留着也没必要。

8. 关于回复

杜绝使用“哦”或“呵呵”回复别人，这会给人感觉你是在敷衍。如果有事需要离开，中断聊天前要跟对方说明，别让对方傻等。这是最起码的礼节。

9. 关于表情

微信、QQ上不同的表情体现不同的气质，以及你想要通过表情传递的情绪。在发表情时既要结合自己的心境，又要考虑别人的感受。坚决杜绝转发低俗、猥琐的表情。

10. 其他事项

任何时候都要遵守长幼尊卑之序。男的不要从别人要照片，女的不要从别人要红包，做到四不：不求赞，不求转，不求投票，不发广告。

除了上述之外，我们还需知道：即时通信工具虽然便捷，但因网络的局限性，也有很多弊端。因此，我们在网络社交时一定要增强自我保护意识，添加陌生人时要格外谨慎，尽量不加陌生人。

第八章

不自卑不畏惧：

所有人都渴望与你零距离

人与人之间的交往要本着平等、共处的原则。你要时刻坚信，你是独一无二的存在，你在这个世界上不可复制，因此在任何人面前都要充满自信。有的人站在某处，气势上就已经压倒众人，这就是一个人内在风度和气质的巨大作用。只要你内心不自卑、不畏惧，所有的人都会渴望与你零距离。

法则55：超越了自卑，别人更愿接近你

在第一印象中，自卑往往让人以举止羞怯、反应木讷之感。自卑的人羞于甚至害怕站出来表现自己，于是几乎给人留不下什么印象，或者留下没有能力的负面印象。

世界上没有十全十美的事物，也没有完全一样的东西。作为万物之灵的人类，又会不会有十全十美的一个或者完全相同的两个？成绩不够好的人，也许卡拉OK唱得很棒；不够聪明的人，也许心地善良；你也许数学不好，可是能写出很好的文章；你貌不出众，可你人缘很好……只要仔细观察身边的人，就会发现，再优秀的人，总有他的缺点和瑕疵；再差的人，也总有他的优点和独特之处。这就是尺有所短、寸有所长的道理。

明白这个道理，你就会在思想上豁然开朗，从而悦纳自己，接受现实，避开弱点，最大限度地发扬自己的长处。这样，你也许将来会成为歌唱家、文学家、社会活动家或慈善事业家。你们也许听说过，著名物理学家牛顿、爱因斯坦等，幼年时都曾暴露过许多愚笨之处和弱点。

追求完美，是人的向上天性；可是不完美却是人生的真实和生活的真实。如果总以幻想中的“完美”来要求自己，那就永远走不出自卑的泥沼。而自卑，又像一堵看不见的篱笆墙，把自卑者隔离和封闭起来。因为自卑，他们不愿与人交往；因为自卑，他们害怕挑战；也因为自卑，他们有了退缩乃至失败的借口。

自卑这种消极的自我评价和自我意识，其根源就是人们不用现实的标准或尺度来衡量自己，而相信或假定自己应该达到某种标准或尺度。如“我应该如此这般”“我应该像某人一样”等。这种追求大多脱离实际，只会滋生更多的烦恼和自卑，使自己更加抑郁和自责。

远离自卑，为我们打造成功的第一印象，为成功奠定坚实基础，专家总结了下面一些具有操作性的方法：

有时候，我们可以尝试用补偿心理超越自卑。

补偿心理是一种心理适应机制，个体在适应社会的过程中总有一些偏差，力求得到补偿。从心理学上看，这种补偿，其实就是一种“移位”，即为克服自己生理上的缺陷或心理上的自卑，而发展自己其他方面的长处、优势，赶上或超过他人的一种心理适应机制，正是这一心理机制的作用，自卑感就成了许多成功人士成功的动力，成了他们超越自我的“涡轮增压”，而“生理缺陷”愈大的人，他们的自卑感也愈强，寻求补偿的愿望就愈大，成就大业的本钱就愈多。

解放黑奴的美国总统林肯，不仅是私生子，出生微贱，且面貌丑陋，言谈举止缺乏风度，他对自己的这些缺陷十分敏感。为了补偿这些缺陷，他力求从教育方面来汲取力量，拼命自修以克服早期的知识贫乏和孤陋寡闻。他在烛光、灯光、水光前读书，尽管眼眶越陷越深，但知识的营养却对自身的缺陷作了全面补偿。他最终摆脱了自卑，并成为有杰出贡献的美国总统。贝多芬从小听觉有缺陷，耳朵全聋后还克服困难写出了优美的《第九交响曲》，他的名言——“人啊，你当自助！”成为许多自强不息者的座右铭。

在补偿心理的作用下，自卑感具有使人前进的反弹力。由于自卑，人们会清楚甚至过分地意识到自己的不足，这就促使其努力学习别人的长处，弥补自己的不足，从而使其性格受到磨砺，而坚强的性格正是获取成功的心理基础。

真正能够解救我们的，只有我们自己。即所谓“上帝只帮助那些能够自救的人”。强者不是天生的，强者也并非没有软弱的时候，强者之所以成为强者，在于他善于战胜自己的软弱。一代球王贝利初到巴西最有名气的桑托斯足球队时，他害怕那些大球星瞧不起自己，竟紧张得一夜未眠，他本是球场上的佼佼者，但却无端地怀疑自己，恐惧他人。后来他设法在球场上忘掉自我，专注踢球，保持一种泰然自若的心态，从此便以锐不可当之势进了一千多个球。球王贝利战胜自卑的过程告诉我们：不要怀疑自己、贬低自己，只要勇往直前，付诸行动，就一定能走向成功。久而久之，就会从紧张、恐惧、自卑中解脱出来。因此，不甘自卑，发愤图强，积极补偿，是医治自卑的良药。

心理补偿是一种使人转败为胜的机制，如果运用得当，将有助于人生境界的拓展。但应注意两点：一是不可好高骛远，追求不可能实现的补偿目标；二是不要受赌气情绪的驱使。

只有积极的心理补偿，才能激励自己达到更高的人生目标。

法则 56：乐观面对失败，别人对你刮目相看

每个人的生活都不可能一帆风顺，在人生的旅途中，难免会遭遇挫折和失败。也难免会遭受别人的嘲笑和讥讽。但这些都不重要，重要的是你能够在自我补偿的过程中，正确面对失败。

人生之事，不如意者十之八九，一帆风顺者少，曲折坎坷者多，成功是由无数次失败构成的，正如美国通用电气公司创始人沃特所说："通向成功的路即：把你失败的次数增加一倍。"但失败对人毕竟是一种"负性刺激"，总会使人产生不愉快、沮丧乃至自卑。那么，究竟该如何面对？如何自我解脱？就成为能否战胜自卑、走向自信的关键。

面对挫折和失败，唯有乐观积极的心态，才是正确的选择。其一，做到坚韧不拔，不因挫折而放弃追求；其二，注意调整、降低原先脱离实际的"目标"，及时改变策略；其三，用"局部成功"来激励自己；其四，采用自我心理调适法，提高心理承受能力。

虽然个体不能改变大环境的安排，但完全可以对自己充分做

主，要善于挖掘、利用自身的“资源”。应该说当今社会已大大增加了这方面的发展机遇，只要敢于尝试，勇于拼搏，是一定会有所作为的。屈原放逐乃赋《离骚》，司马迁受宫刑乃成《史记》，就是因为他们无论什么时候都不气馁、不自卑，都有坚韧不拔的意志！有了这一点，就会挣脱困境的束缚，走向人生的辉煌。

其实，我们在做事前，就应该具有迎接失败的心理准备。世界充满了成功的机遇，也充满了失败的可能。所以要不断提高自我应付挫折与干扰的能力，调整自己，增强社会适应力，坚信失败乃成功之母。若每次失败之后都能有所“领悟”，把每一次失败当作成功的前奏，那么就能化消极为积极，变自卑为自信。

但是，最主要的，还是要我们自己时常在心中反复记住一句话：“人生很短，没有多少时间可以允许我们浪费！”

西哲说：“要活得好像明天就要死去一样。”

这话真的有着不凡的催逼的力量，谁也不知道哪一天是自己生命的终点。

多数人都预期自己可以活到一百岁，因此在二三十岁的时候，他还在那里慢慢腾腾，不慌不忙。而认真生活的人，常会相信，只有自己可以掌握这短暂的现在，是他靠得住的寿命。因此他尽量地利用他每一分、每一秒的时间去推动他自己。生命不浪费，成功的机会就多了。

不妨问问自己，你真正想要得到的是什么？你最喜欢最向往的东西是什么？你先在心里为自己找到这个答案。等你确定了你的目标之后，你会发现生活中有许多项目突然变得有意义起来，而另外又有些项目突然变得不重要起来。那时，你就会找到一些可以把自己发动的力量，让自己继续努力下去。

同样的道理。你如果想给别人留下一个好的第一印象，让自己第一次就把最优秀吸引人的地方展示出来，那么，你达到这个目的的办法，只有从内到外地修炼自己，用积极乐观的态度去感染别人。别人会认为，你一定能行。

法则 57：建立十足自信，别人更加重视你

征服畏惧，战胜自卑，不能夸夸其谈，止于幻想，而必须付诸实践，见于行动。建立自信最快、最有效的方法，就是去做自己害怕的事，直到获得成功。具体方法如下：

1. 突出自己，挑前面的位子坐

在各种形式的聚会中，在各种类型的课堂上，后面的座位总是先被人坐满，大部分占据后排座位的人，都希望自己不会“太显眼”。而他们怕受人注目的原因就是缺乏信心。

坐在前面能建立信心。因为敢为人先，敢上人前，敢于将自己置于众目睽睽之下，就必须有足够的勇气和胆量。久而久之，这种行为就成了习惯，自卑也就在潜移默化中变为自信。另外，坐在显

眼的位置，就会放大自己在领导及老师视野中的比例，增强反复出现的频率，起到强化自己的作用。因此，在别人的第一印象中，要留下自信的印象，你可以选择坐在对方最近的视线范围内。

2. 睁大眼睛，正视别人

眼睛是心灵的窗口，一个人的眼神可以折射出性格，透露出情感，传递出微妙的信息。

不敢正视别人，意味着自卑、胆怯、恐惧；躲避别人的眼神，则折射出阴暗、不坦荡心态。

正视别人等于告诉对方："我是诚实的，光明正大的；我非常尊重你，喜欢你。"因此，正视别人，是积极心态的反映，是自信的象征，更是个人魅力的展示。

3. 昂首挺胸，快步行走

心理学家认为，人们行走的姿势、步伐与其心理状态有一定关系。懒散的姿势、缓慢的步伐是情绪低落的表现，是对自己、对工作以及对别人不愉快感受的反映。倘若仔细观察就会发现，身体的动作是心灵活动的结果。那些遭受打击、被排斥的人，走路都拖拖拉拉，缺乏自信。反过来，通过改变行走的姿势与速度，有助于心境的调整。要表现出超凡的信心，走起路来应比一般人快。将走路速度加快，就仿佛告诉整个世界："我要到一个重要的地方，去做很重要的事情。"步伐轻快敏捷，身姿昂首挺胸，会给人带来明朗的心境，会使自卑逃遁，自信滋生。

4. 练习当众发言

面对大庭广众讲话，需要巨大的勇气和胆量，这是培养和锻炼自信的重要途径。在我们周围，有很多思路敏锐、天资颇高的人，却无法发挥他们的长处参与讨论。并不是他们不想参与，而是缺乏信心。

在公众场合，沉默寡言的人都认为："我的意见可能没有价值，如果说出来，别人可能会觉得很愚蠢，我最好什么也别说，而且，其他人可能都比我懂得多，我并不想让他们知道我是这么无知。"这些人常常会对自己许下渺茫的诺言："等下一次再发言。"可是他们很清楚自己是无法实现这个诺言的。每次的沉默寡言，都是又中了一次缺乏信心的毒素，他会愈来愈丧失自信。

从积极的角度来看，如果尽量发言，就会增加信心。不论是参加什么性质的会议，每次都要主动发言。有许多原本木讷或有口吃的人，都是通过练习当众讲话而变得自信起来的，如萧伯纳、田中角荣、德谟斯梯尼等。因此，当众发言是信心的"维他命"。

5. 学会微笑

大部分人都知道笑能给人自信，它是医治信心不足的良药。但是仍有许多人不相信这一套，因为在他们恐惧时，从不试着笑一下。

真正的笑不但能治愈自己的不良情绪，还能马上化解别人的敌对情绪。如果你真诚地向一个人展颜微笑，他就会对你产生好感，这种好感足以使你充满自信。正如一首诗所说："微笑是疲倦者的休息，沮丧者的白天，悲伤者的阳光，大自然的最佳营养。"

法则 58：克服惰性羞怯，别人更愿意靠近

在人类的个性中，有很多不利于个人发展的个性，比如惰性、羞怯、自私等。要想给人留下好印象，让别人主动接近你、喜欢你，克服这些不利的个性势在必行。

1. 克服惰性

惰性是一种负面物质，虽然它与第一印象没有直接联系，但往往是因为自然养就的惰性使你沉溺于现状，而使改变自己的形象变得困难起来。

当然，惰性实在是很不容易克服的一件东西。没有多少人不懒惰，那些勤奋的人都是一些意志的力量在推动他的。

所以，我们不妨说："意志是克服惰性的一种力量。"而这意志的形成，是要靠一个值得追求的目标。有这个目标在那里等待我们去达到，我们就会觉得有理由把自己发动起来。

建立目标，是帮助自己克服惰性的方法之一。除此之外，要设法给自己找一点可以鼓励自己的力量。因为成功的路途是很漫长的，在这漫长的路途中，如果缺少鼓励，就不容易把兴趣长远维持下去。而这鼓励的力量，也要看你所要追求的是什么而定。你想存钱的话，自然以银行的存折最能使你得到安慰和鼓励。如是其他，那么，像互相勉励的朋友，自己工作的成绩，师长的奖

励，等等。要留神给自己安排一点这一类的机会。对着镜子每天审视自己的衣着表情，告诉自己，我是受人欢迎的，我是充满个人魅力的。

明确的目标和适当的鼓励，可以使我们进取得快些，顺利些。

2. 克服羞怯

害羞是最常见的一种心理障碍，每个人都有害羞的时候，“千呼万唤始出来，犹抱琵琶半遮面”，对古人来说，这是一种风韵，但对现代人来说，过多地约束自己的言行，以至于无法充分表达自己的感情。

因为羞怯我们不能与人交往顺利，因为羞怯，你不能把自己完美地表现出来，给人留下好的印象。羞怯完全是自己的一种心理暗示，实质上还是不自信的表现。

从心理学上讲害羞有三种类型：气质害羞型、认识性害羞、挫折性害羞。

怎样克服羞怯心理呢？专家提出如下建议：

①树立信心。我们在社会交往中不要总是否定自己，拿别人的长处与自己的短处比，让自卑心理左右自己。要相信自己一定能行，遇事多采取主动态度。当你勇敢地说出第一句话，勇敢地迈出第一步时，你可能感到羞怯。这时，应想到羞怯并不等于失败，胜利者比失败者往往多的是一份勇气。当你大胆尝试着与人交往时，会感到现实要比想象的简单、容易得多。

②学会同各种各样的人打交道，关键时刻表现自己。要训练自己与不同性格、不同气质、不同年龄的人打交道的胆量与能力。遇到聚会、联谊时要善于寻找时机与周围的人攀谈，关键时刻要勇于表现自己。如主持会议、晚会、演讲会等，让那些不了解你甚至小看你的人刮目相看。

③做有心人，记下你感到不安的事情。当你记下你的害怕与担心时，你会觉得这些害怕和担心不可思议，而且完全没有必要。但这却是极有效的自我心理治疗方法，并且你可以为此预先做好克服它的准备。比如你演讲时，拿讲稿的手会抖，那你不妨把讲稿夹在写字板上，这样拿在手上就可能不会抖了，就能临场不惧，应付自如。

④让自己经常处于松弛状态。羞怯的人常常过于关心自己的表现会引起他人怎样的反应，因此心情常处于紧张状态。当你与人交往处于羞怯或紧张气氛中时，应尽量用玩笑或幽默来自我解脱。如果你能把注意力集中到你所应当注意的人或事上，你就会渐渐忘记自己的不自在。心理学家认为，松弛是克服羞怯心理的关键。

⑤改变你的身体语言。人际交往的身体语言中，最具魅力的是微笑。微笑是友善的表示、自信的象征。微笑可以使你摆脱窘境，可以缩短你与他人之间的感情距离，可以化解朋友间的误会，同时微笑可以减少你羞怯的感觉。

⑥一步一步循序渐进。只要你不断和人沟通，努力去克服羞怯心理，那么你就能拥有自信与大方的笑容。

法则 59：做事不紧张，别人感到更轻松

紧张是每个人都会有的情绪。有的人情绪紧张时，不知如何来缓解。其实，缓解情绪的方法有很多。比如，用提前到来减轻紧张情绪、调节双方眼睛高低位置来缓减紧张情绪、把紧张说出来、巧用小物件消除精神紧张等。

人们第一次见面，常会不可避免地产生紧张感，因为对于一个从未谋面的陌生人，人们通常会怀有一种戒备心理，即使事先已作了种种准备，但仍然无法预测两人见面时的各种情况，因此内心免不了会犯嘀咕。

心理学家认为，用“对方同样是初次见我”的想法可以缓解情绪。

在体育界，有一句“自己痛苦时，对方同样痛苦”的名言，用来安抚运动员的畏惧心理。这不是单纯的精神安慰，是克服紧张情绪的好方法。认为“不只是我自己痛苦，对方也同样痛苦”，便等于把自己和对方放在同等的立场上，至少心理上有一种不亚于对方的气势。

在见一个陌生人时，用“自己痛苦，对方也不好过”的想法来暗示自己，往往非常有益。告诉自己，无论对方是怎样的大人物，但也是初次见到你，以这点来说，双方是绝对平等的。如果

忽略了这一点，只是一味地考虑自己的怯场与不安，则无论是面试、谈判或推销，肯定都会受到对方的审判。

1. 用提前到来减轻紧张情绪

提前到达既可以避免迟到，留下不守时不值得信赖的印象，又可以进行充足的心理准备。我们可能有这样的体会，和人约会，发现时间来不及了，你急匆匆地往约定地点赶，当时你什么也不会想，也想不起来什么，只是要尽早赶过去，等到风风火火到了，慌乱的情绪却弄得你十分紧张，本来早就准备好的说辞一下子忘到了九霄云外，而且你还要向对方进行道歉，对对方的歉疚之情又让你加上了一种心理负担，这样的状态很可能使情绪变得低落，而一下子扰乱了自己的步调。

反之，提前到达，可以首先尽快地熟悉环境，而且能进行充分的准备，这种事先的准备会激发出你的自信，使你在心理上处于优势而不至于紧张。

2. 调节双方眼睛高低位置来缓减紧张情绪

假如你受到身高体大的彪形大汉的俯视，你会怎样，你会因为一种逼迫感而很不舒服，若是让你和他站着交谈更是觉得紧张别扭。

尽管你在心理上认为你和他地位是平等的，但由于彼此眼睛高度的差异这种物理学上的原因，使你在心理上处于了劣势。

这种心理上的劣势导致了你的紧张和不安，而这些情绪又妨碍了初次见面的顺利进行。

要处理这种情况，你至少先应妥善解决眼睛高度的问题，实际上，只要双方都坐在椅子上，眼睛的高度的问题也就基本解决了。

所以与人见面，建议坐下来交谈，通过坐姿、眼睛的高度来调整，这样一来建立了平等的关系，彼此都不会有多余的紧张，使交谈能顺利进行下去。

3. 把紧张说出来

和初次见面的人交谈或在大众面前讲话，容易因为紧张而语无伦次，这时你不需要勉强掩饰，只要坦言你的紧张，就可以改善。

人在情绪不安时，如果能一吐为快，焦躁和芥蒂便能一扫而空，紧张的气氛也会渐趋缓和，我们可以运用这一点来消除紧张。

另外，向对方坦白你的紧张，也会使双方的关系拉近一步，对方听到你的告白，也会对你坦诚的态度和心意留下良好的印象。

4.巧用小物件，能帮你消除精神紧张

人类在陷入精神紧张的时候，往往会借助身体的单纯活动，来缓和这种紧张状态。有的人在着急或紧张时，总会不停地摇动身体，就是这种心理作用的表现。

从神经生理学的角度看，让身体各部做适度的重复作业，可以缓解精神的紧张，而这种运动与精神活动或思考活动是没有直接关系的。老年人把两个坚硬的胡桃放在手中，不停地转动。有人认为这是预防中风的做法。其实，让手指尖做适度的肌肉运动，确实能缓和老人比较容易兴奋的精神状态。中国人喜爱的健

身球，也有这种功效。

如果你在朋友的结婚喜宴或公司会议上被推举讲几句话，而你又有些紧张的时候，不妨在手上拿一件小东西，如打火机、胸针，只要是能在手上把玩的东西就行，一边说话，一边把玩手中的小物件，一定能使你消除精神上的紧张，而不至于怯场。

法则60：养好你的精气神，别人自会靠拢

精神气，是指精、气、神，本是古代哲学中的概念，是指形成宇宙万物的原始物质，含有元素之意。中医认为精气神是人体生命活动的根本。人的一切外在气质都是精气神的外在显现。比如，气质、内涵等。

一个人具备什么样的气质，对其精神面貌有很大的影响。人的容貌如同一朵花，季节性很强，它总有凋零之时，而人的气质所带来的风采，则是与日俱增的。如果一个人整天无精打采，又何来气质可言？

那么，究竟什么是气质？所谓气质，一般而言是指人的相对稳定的个性特点、风格和气度。气质美首先表现在丰富的内心世界。理想则是内心丰富的一个重要方面。因为理想是人生的动力和目标，没有理想和追求，内心空虚贫乏，是谈不上气质美的。品德是气质美的又一重要方面，为人诚恳、心地善良是不可缺少的。文化

水平在一定程度上影响着一个人的气质。此外还要胸襟广阔。

气质美还表现在举止上，一举手、一投足，走路的步态，待人接物的风度，皆属此列。朋友初交，互相打量，立刻产生好的印象。这个好感除了源自言谈之外，就是举止的作用了。要热情而不轻浮，大方而不造作。

气质美还表现在性格上。这就是要注意自己的涵养，要忌怒、忌狂，能忍让，体贴人。温柔并非沉默，更不是逆来顺受、毫无主见，相反，开朗的性格往往透露出天真烂漫的气息，更能表现内心情感，而富有感情的人更能引起共鸣。

高雅的兴趣也是气质美的一种表现。爱好文学并有一定的表达能力，欣赏音乐且有较好的乐感，喜欢美术并有基本的色彩感，等等。

有许多人外表并不美，但在他们身上却流露着夺目的气质美，如工作的认真、执着，聪慧、洒脱、敏锐，精明、干练。这是真正的美，和谐统一的美。

追求美而不亵渎美，这就要求我们每一个热爱美、追求美的人都要从生活中悟出美的真谛，把美的形貌与美的气质、美的德行结合起来。只有这样，才是真正的美。

一个精气神十足的人总会散发出无穷的魅力。其实，魅力是别人对你的看法，他们通过你的外在表现、你的行动与思想，对你产生了喜欢以至某种带有神秘色彩的感情，所以魅力本身是一种感情。而别人对你的感情是与你对他们的感情密切相关的。如果你的感情特征是积极的、友善的、温和的、宽容的，那么你一定会魅力大增；反之你就会成为一个不受欢迎的人。所以一个人的个性在很大程度上影响了他的人际交往。

那么什么样的人是富有魅力的人呢？什么样的性格可以造就魅力呢？西方心理学家曾提出了一种说法，称之为“令人愉悦的个性”。如果你拥有令人愉悦的个性，你往往会使自己的魅力大增。人的情感和表现是复杂的，并非所有的性格都是令人愉悦的，有一些性格令大部分人感到不喜欢、讨厌，甚至是难以容忍。比如，人们一般不喜欢消极的、极端化的性格特征，人们对报复性的、敌意的性格特征更是感到厌恶；但一般人们都喜欢富有热情的、积极向上的、友善的、亲切温和的、宽容大度的、富有感染力的性格。所以，如果你能够培养出为大部分人所喜欢的正面性格，那么你成功的可能性就大大增加了。

一般地说，令人愉悦的个性包括以下几方面的性格特征。

1. 富有热忱

很多人不能成功，是因为他们缺乏热忱，他们缺乏对人、事、物的热情关注，甚至对争取成功也缺乏热忱，这样他们当然无法成功。你是否对某些事情充满热忱？你是否特别关注于某个学科？你是否希望自己在某个领域有所建树？是否有些知识和问题在不断地吸引你的注意力？你是否热衷于学习钻研某项技术，并全身心地投入其中？如果你不是这样的，那么你就要有所改进。你要记住：一定要培养自己对人、事，对学习新事物的无限热忱。如果你能逐渐做到这一点，那么你就是一个潜在的成功者。

除此之外，对事物的热忱还有助于你激发带动其他人，使他们觉得你是一个精力充沛、充满活力的人，这也可以大大地提升你的形象与魅力。所以拿破仑·希尔经常告诫人们，“要努力表现并提高你的热忱。”热忱是令人愉悦的个性的一部分，热忱可以改变你的人生。

2. 亲切随和

许多关于魅力的书籍都强调一个伟人大都有一种神秘感与威严，这有一定道理。威严固然令人敬畏，但亲切随和则更会令人喜欢。在社会上，让他人喜欢你，远比让他人敬畏你更有价值。亲切随和的人往往更能广交朋友，善结人脉，总能获得他人的好感与认同。让别人喜欢你，可以为你带来合作机会，为你带来一笔笔交易，为你带来商业利益，甚至更多。

亲切随和的最大好处是对人平等，给人以尊重感。如果你不尊重别人，总以强者自居，若想与别人建立起一种良好的关系，这几乎是不可能的。尊重他人是人际关系最重要的一条原则。

3. 温和谦恭

温和谦恭的性情表明一个人极富涵养，非常成熟，对人和物都有全面的看法。成功者在性格上的特点往往是不骄不躁、心平气和，他们在任何复杂问题面前都能保持清醒的头脑，不被烦躁不安的情绪所支配。即便他们受到了恶意的攻击，也能心态平和，保持友好的姿态，并要求自己有则改之，无则加勉，不断提高自己的涵养和性情。

如果在商务应酬场合，能做到性情温和、彬彬有礼，会为你奠定成功的基础。在令人愉悦的个性中，绝对找不到傲慢、自大和唯我独尊的影子。在任何时候都不要愤怒，愤怒没有任何价值；在任何时候都不要急躁不安，急躁不安也不会给你任何助益。成功者有一颗清醒冷静充满信心的头脑，但他们一般也有一颗谦恭的心。

4. 富有感染力

如果你做到了前面所讲的三条，你就是一个很受欢迎的人了。但如果你还能做到这一条，就会使你更具魅力。你是否注意到，成功者的重要特点是他的个性富有感染力。每到一处，他都善于用自己的行动和语言打动别人，否则他怎么给别人留下深刻的印象呢？所以，你要努力培养你的感染力。

一些成功的人之所以具有感染力，是因为他们懂得大部分人所关心的事物，他们能细心地观察每个人的利益、态度与感受。一个人的正义感、同情心往往是感染力之源。在日常生活中，一个人的感染力更多是来自于情感方面。所以，一个具有感染力的人，也是一个具有道德影响力的人、一个正直善良的人、一个对他人的痛苦具有同情心的人。

“性格塑造人”，同样也是性格塑造成功。热忱、亲切、随和、谦恭、温和、宽容、感染力这些优秀的品质，构成了你令人愉悦的个性，从而有助于你获得他人的善待，建立一张宽广结实的人脉关系网。

第九章

不断地完善自己：

用修养赢得一生好人缘

人生在世，最宝贵的财富不是有多少金钱、多少财富，而是你自身的修养。金钱可以买来你想要的东西，修养却是你花任何金钱都买不来的宝贵财富。一个修养良好的人做事总能恰到好处，无论走到哪里都能让人如沐春风，无论何时都会为自己营造强大的气场，赢得一生的好人缘。

法则 61：神形兼备，打造自己的最佳形象

真正决定你实力，能长久吸引人心的不是财富、地位，而是你的内在。你的内在决定你的吸引力。

第一次见面，有人外表堂堂，滔滔不绝，却不让我们喜欢，而有人不言不语，就那么站着或坐着，却带给人一种特别的感觉和深刻的印象，甚至还能令人毫无保留地对他产生信任感，出现这种情况的原因是什么呢？就出在人的内在素质修养上。

一个人的人的言谈举止、音容笑貌都是内心素养和美的外在体现，该行则行，该止则止，该坐而坐，该说而说，做事稳重而有分量，待人热情而又有分寸，礼貌而又不拘小节。

它不是自模拟得之，更不是装腔作势的结果，而是人们在长期的生活和学习中所形成的良好性格、气质的自然流露。要增强自己第一印象的魅力，关键还在丰富自己的内在修养。

外表的漂亮并不是绝对的。比如，外貌的吸引力对于男性就比女性更为重要。男性更多的受女性外貌的影响，而男性的外貌对于女性的影响就要弱一些。更能说明问题的是，一个人的内在

素质有时会影响他的外貌。一所大学曾经邀请一位身高170厘米的工人和一位只有165厘米的哲学家同时给学生做报告。事后经过调查，发现所有学生都认为哲学家比那位工人长得高。虽然这里并不排除两个人在衣着打扮上的美感效应的差异，但更重要的还是演讲内容、知识修养等内在因素的影响。正所谓“情人眼里出西施”，人与人之间内在素质的吸引力往往比外表的吸引力更强。

心灵的内在美可以给人留下难以磨灭的印象，能引起人的内心深处的激动，打下深刻的烙印。它操纵、驾驭着外在美，是人之美的源泉。有了内在美的存在，人才能真正成为完美的人，才能让人产生由衷的美感。灵魂比身体可能具有的美还要美得多。孟子将内在美理解为“充实”“充实之谓美，充实而有光辉之谓大”，人们如能“善养吾浩然之气”，就能不局限于有限的身体而腾跃到内心充实的境界。内在美比外在美具有无可比拟的深度与广度。神形兼备才是最佳形象。

对一个人的形象来说，外表的美丽与精神内涵的统一，才是完美的。古希腊的哲学家德谟克利特就说：“身体的美若不与聪明才智相结合，便是某种动物性的东西，偶然穿戴和装饰的看起来很华丽，但是，可惜！它们没有心。”

虽然，人的外在美和内在美具有相对独立的审美价值，但是，他的内秀与外美必须是共同存在的。不要以为第一印象只是反映一个人的外在，就不重视内在素质修养的提高，只有表里如一的美才是真正的美，一个人乍一看：容貌端正、仪表堂堂、体态健美，再一开口却是言语粗俗，没有礼貌，而且是站没站相，坐没坐相，这样的人你能对他有好印象吗？

而且，相互杂糅的内在心灵与外在形貌，很难让人对其整体产生和谐之美感。“一个丑陋的身体和一个优美的心灵正如油和醋，尽管尽量把它们拌和在一起，吃起来还是油是油味，醋是醋味。它们并不产生第三种东西；那身体讨人嫌，那心灵引人喜爱，各走各的道。”神形皆备体现的是内在美与外在美的和谐统一。过分强调“外包装”，注重“脸蛋靓”，在乎“身段好”……但这些都不足以使人发生美的质变。不要费时费力之后，仍是“败絮其中”，一肚子草莽。加强个人内在修养和丰富个人内涵才能增加人的“含金量”，达到神形统一和谐的美。

人们在公共场合的仪表体态、言谈举止，常常反映出一个人的内在素质和修养。特别是当你作为国家、政府、政党、团体、企业的代表进行对外活动的时候，在这方面给人的印象，往往成为相互间进一步了解和交往的重要依据。所以要特别重视神形的和谐统一。

法则62：培养迷人的个性，让人为之倾倒

什么能够使个性吸引人？让我们在此发掘其中真相。你的个性是你的特点与外表的总和，这些也就是你和其他人所不同的地

方。你所穿的衣服、你脸上的线条、你的声调、你的思想，你由这些思想所发展出来的品德，所有这一切都构成你的个性。

你的个性是否令人喜爱，是另外一回事。很显然的，你个性中最重要的一部分，就是你的品格所代表的那一部分，也就是外表上看不出来的那一部分。你的衣服式样，以及它们是否适当，毫无疑问地构成了你个性中很重要的一部分，因为人们都是从你的外表获得对你的第一印象。即便是你握手的态度也密切关系到是否将因此吸引或排斥和你握手的人。你眼中的神情也构成你个性中的一个重要部分，因为有些人能够由你的眼睛看穿你的内心；看出你内心深处的思想，看出你最隐秘的念头。

你也许会以最漂亮、最新款式的衣服来装扮自己，并表现最吸引人的态度。但是，只要你内心存在着贪婪、妒忌、怨恨及自私，那么，你将永远无法吸引任何人，却只能吸引和你同类的人。物以类聚，人以群分，因此，你可以确定，被吸引到你身边来的，都是品格与你相同的人。

你也许可以做出一个虚伪的笑容，掩饰住你真正的感觉，你也许可以模仿表现热情的握手方式，但是，如果这些“吸引人的个性的”外在表现，缺乏热忱这个重要因素，那么，它们不但不会吸引人，反而会令人逃避你。

拿破仑·希尔认为，真正迷人的个性必须具备以下几个要素：养成使你自己对别人产生兴趣的习惯，而且你要从他们身上找出美德，对他们加以赞扬；培养说话能力，使你说的话有分量，有说服力。你可以把这种能力同时应用在日常谈话及公开演讲上；为你自己创造出一种独特的风格，使它适合你的外在条件和你所从事的工作；发展出一种积极的品格；学习如何握手，使你能够经由这种寒暄方式，表达出温柔与热忱；把其他人吸引到你身边，但你首先要使自己“被吸引”到他们身边；记住：在合理的范围之内，你唯一的限制就是你在你自己的头脑中设立的那个限制。在这七项因素中，第二和第四因素是最重要的。

如果你能具有这些好的思想、感觉以及行动，便可以建立起一种积极的品格，然后学习以有力及说服性的方式来表达你自己，那么你将展示出迷人的个性。因为你将可以看到。从这里面可以发展出其他美德。

具有积极品格的人自然有很大的吸引力，而这种力量有时看得到有时看不到。但只要你一走进这种人中间，即使他一句话也没有说，你仍会感觉到那“看不到的内心深处力量”。

现在要提醒你注意，发展“迷人个性”所需要的七个因素中的第一个。

“与他人友好相处”的好处并不在于这个习惯可能为你带来金钱或物质上的收获，而在于它能对养成这个习惯的人的品格产生美化的效果。你自己和蔼可亲，你将会使其他人感到快乐，你也会得到快乐，而这种快乐是无法以其他任何一种方式获得的。改掉你自己喜欢吵架的脾气，不要向人挑战，不要进行没有用处的争吵。取掉你用来看生活的“忧郁”的有色眼镜，使你看清楚生活中友善的明媚阳光。把你铁锤丢掉，停止敲打，因为你一定知道，生活中的大奖是颁给建设者，而非破坏者的。

建设房子的是艺术家；把居室拆掉的是买卖破铜烂铁的旧货商。如果你是一个有着满腹牢骚的人，这个世界将不会乐于听你诉说尖酸刻薄的“胡言乱语”。但是，如果你是一个带着友谊和乐观的人，这个世界将会很高兴地聆听你说的每句话。拿破仑·希尔指出满腹牢骚的人绝不会是一个具有迷人的个性的人。

综上所述，迷人的个性所具有的品格为：善于谈话；懂得微笑；不吝惜自己的同情。

法则 63：建立自信心，吸引更多的人走近

第一次交往中，我们总会情不自禁地被那些自信而富于魅力的人所吸引。建立良好的第一印象，要把自信作为你自我推销的本钱。

自信，表现在哪里？心理学家指出，一个人要是走路时步履坚定，与人交谈时谈吐得体，说话时双目有神，目光正视对方，善于运用眼神交流，就会给人自信、可靠、积极向上的感觉。别人对你的看法，很大程度上取决于你对自己的看法。如果你想表现出一种成功型人物的自信，你必须真实地感受到对自己很有把握，假装的自信是无法掩盖住你那颗动摇的内心的。

在自我推销的过程中你要表现出良好的情绪智力，要充满信

心。你必须确信自己有权占据一个空间，而且在任何地方都感到很自在。你越是对自己充满信心，就越能表现出自己的特色和才能，别人才会深信你是一个坦荡的、有能力的、靠得住的人。信心是你自我推销的最大本钱。

没有人喜欢那种软弱的、不果断的人，这种人办事时好像根本不知道自己在乎什么或要干什么。

所有伟大的领袖都懂得自信的重要性。拿破仑，虽然在其他许多方面不能算是和谐沟通关系的楷模，但他确实知道自信行为方式的魔力，并且因此受益无穷。当拿破仑第一次被流放以后，法国军队受命捉拿他时，他不但没有跑掉或躲藏起来，相反地，他勇敢地出去迎接他们——一个人对付一支军队。而且，他掌握局势的极大信心奇迹般地生效了，因为他的行为似乎表明他期望军队服从他的指挥，所以，士兵们在他身后以整齐的步伐前进了。

让我们再来看一则青蛙与龙王的较量。

一天，龙王与青蛙在海滨相遇，他们寒暄一番后，青蛙问龙王："大王，你的住处是什么样的？"龙王说："珍珠砌筑的宫殿，贝壳筑成的阙楼；屋檐华丽而有气派，厅柱坚实而又漂亮。"龙王说完，问青蛙："你呢？你的住处如何？"青蛙说："我的住处绿萍似毡，娇草如茵，清泉沃沃，白石映天。”说完，青蛙又向龙王提了一个问题：“大王，你高兴时如何？发怒时又怎样？”龙王说：“我若高兴，就普降甘露，让大地滋润，使五谷丰登；若发怒，则先吹风暴，再发霹雳，继而打闪放电，叫千里以内寸草不留。那么，你呢？青蛙？”青蛙说：“我高兴时，就面对清风朗月，呱呱叫上一通；发怒时，先瞪眼睛，再鼓肚皮，最后气消肚瘪，万事了结。”

青蛙在龙王面前表现了充分的自信，龙宫固然美丽，我青蛙的居所也别具一格，自有一番快乐在心头。

而有些人觉得自己不美，贫穷，没有自信的资本，于是低头走道，把自己无限地缩小。

我们强调与人相处要不卑不亢。不卑不亢，从根本上讲就是平等待人，在比自己强的人面前，不畏缩；在比自己弱的人面前，不骄纵。地位有高低，学问有深浅，但所有人，人格都是平等的。一个人只要不是情操低下，行为卑劣，那就无论其地位高低、能力大小，各种条件好坏，都应有充分的自信而不应自感低人一等，这种平等观念是人际交往中所应具备的态度和风度。

一位心理学家说过：“相信自己美的人会越来越美。”因为相信自己美，就会大大方方地从事各种活动，在活动中展示自身的特长；相信自己美，就会心情愉快、活得潇洒。笑脸比哭脸美，自信的人比自卑的人有魅力。

自信是可以训练出来的，不自信的人不妨采用下面的五步自信法来提高自己的自信心。第一，我要求我自己，为完成这个目标，而采取百折不挠的持续行动。我发誓，不达目标绝不罢休。

第二，我愿每天以30分钟的时间，集中精力，幻想我希望变成的那种人，在我的心中，创造一个明确的心理形象。

第三，我愿意每天以10分钟的时间，专用于要求自己，发展自信心。

第四，我永远不会停止尝试，直到我具有了达到成功目的的足够的自信心为止。

第五，我不愿意从事那些攫小利，或不正当利益的交易。我愿意遵循正道，接受他人的协助，也乐于助人，我相信自己也相信别人。我要把这些信念牢记心中，驱使我向成功迈进。

法则64：重视品格修养，想不让人靠近都难

在宴会场合发现自己想认识的对象，即使有意邀请对方一道去小酌一番，倘若对方感受不到你的魅力，恐怕会拒绝邀请。“虽是初次见面，但是看来像个风趣的人，不妨聊聊看吧！”为了让对方产生这种念头，自己如果无法散发吸引人的气息，对方必定不理。

所谓传递给初见面对象的魅力，决定于你至今为止的努力成果。从来不努力不读书的人，无论在表面上多擅于应酬，也无法让人感到渴望两人私下交谈的魅力。

就此观点而言，我们可以说与其出席一次宴会，不如阅读一本书，更有利于建立人际关系。与其脑袋空空地出席宴会，不如利用那段时间读书来提升自己的魅力。倘若有10次出席宴会的机会，不妨缺席5次充作读书时间。

如此一来，自己所念到的东西便可以活用于宴会中的交谈，“我在阅读××书籍时，碰到这样的一段故事呢！”倘若将阅读感想提供出来，持有同感的人们会觉得你是个风趣的人。这种情形可以比喻成毫无魅力的男性想追求女性一样，即使频频出席各种活动，倘若平日不努力培养自己的魅力，是绝对不可能受人欢迎的。

无论是读书、锻炼身体、成为体育或各项娱乐嗜好方面的好手，抑或在事业上拥有杰出表现，倘若未能拥有这种基础，无论遇上任何与人交际的机会，均无法散发个人魅力。不磨炼自己的素养即出席宴会，就像穿着睡衣前往餐厅用餐一样，是可耻可怜的。

换个方式来说，不念书光参加模拟考试是毫无意义的。所谓模拟考试，是为了掌握自己的实力才接受的测验，你的成绩不会因为接受模拟考试而获提升。

宴会可以说是建立人际关系的一种模拟考试。不努力培养实力的人，或许有时可以侥幸获得青睐，但这并不意味着新的人际关系可永保不坠。脑袋空空的人实力肤浅，相处不久便会遭人识破。

1. 掌握交际应酬的起码知识

掌握交际应酬的起码知识，这样，才能说出与当时的情境相适应的言辞。如果不懂得这些知识，在与人交往当中，就会因某一细微疏忽讲错话而造成不良印象。

在日常生活中，诸如称呼、求职、赴宴、送礼、赠物、打招呼、打电话、自我介绍等等，所有这些，都各有自己的一套成文或不成文的规矩。这些规矩，一般都是自然形成或约定俗成，不需要去特别地学习、钻研；只要不脱离社会生活，耳濡目染，即可把握。若想提高说话水平，就必须积极投入社会生活，根据不同的需要，选择恰当的适应社会生活需要的处世言辞。只要掌握文明、礼貌、得体、合适的原则即可。

2. 掌握社会生活中方方面面的常识

在实践中逐步体会，掌握社会生活中方方面面的常识，来丰富自己，使得在生活中，不至于闹笑话，受挫折，被别人轻视和嘲讽。

3. 广博的文化知识和专业知识

天文、地理、历史、文学、艺术、哲学、经济、法律等方面的知识能陶冶情操，提高修养，开阔视野，从而使表达者的言辞更具有感染力、说服力、吸引力。这种知识的获得，要靠孜孜不倦的学习。只有不断地学习吸取，言辞的表达才会有不断的生命力。在人际交往中，某方面的文化知识不足，就不要轻易涉及这方面的话题，倘若擅自发言，闹笑话，会影响交际效果。

法则 65：为人着想的心，打造超强气场

事实证明，只有你为别人着想，别人才会为你着想。人与人之间的一切都是相互的，与人为善是一个人一生必修的功课。

孔子的弟子仲由在集市闲逛，见一买主与卖主争吵，就走了过去。只听卖主说："我一尺鲁缟价三钱，你买八尺，共二十四钱，少一个子也不行。"买主争辩道："明明是三八二十三，你多要一钱是何道理？"仲由觉得有趣，笑着对买主说："三八二十四才对，你错了。"可买主固执己见，并问仲由敢不敢打赌。仲由性烈，当即以新买的头盔做赌注。买主也不含糊，赌注居然是项上人头。二人击掌为誓，然后去找孔子裁决。

孔子问明情况后，笑着对仲由说："子路，你错了，快把头盔给人家吧。"买主得意地拿着头盔走了。仲由大惑不解地问："老师，分明是三八二十四，您为何判他对呢？"孔子说："你输了，头盔还可以再买，若是那人输了呢？"仲由猛然醒悟。

用一个头盔换一条性命，这是智者的善良。很多时候，我们需要权衡轻重，如果与原则无关，不妨退后一步，给人一个台阶。表面上看，你吃了亏，但你的心灵会得到净化。

有一位仁慈的富翁，在建房时特意将屋檐修得很长，好让那些无家可归的人暂时在檐下遮阳避雨。房子建成后，果然有许多人聚集到大屋檐下面，他们打牌、喝酒，甚至摆起摊子做买卖，支起炉子生火煮饭。嘈杂的人声和刺鼻的油烟味使富翁的家人不堪其扰，经常与屋檐下的人发生争吵。有一年冬天，一个老人在大屋檐下面冻死了，大家纷纷指责富翁为富不仁。

一场罕见的飓风袭来，别人家的房子安然无恙，富翁家的房顶却被掀掉了，因为它的屋檐太长。于是，人们幸灾乐祸地说，恶有恶报。

富翁很伤心，但他心底的善念没变。重修房顶时，他把屋檐修得和别人家一样长，用省下来的钱在别处盖了间小房子，以容留无家可归的人。尽管小房子所能荫庇的范围远远不如以前的大屋檐，但它四面有墙，是栋正式的房子。所有在那里逗留过的人，无不感念富翁的恩德。渐渐地，富翁成了一个德高望重的人。

屋檐毕竟只是屋檐，与房子相比，它是不完整的，就像檐下人的尊严不完整一样。直接而强烈的对比，让屋檐下的人产生一种仰人鼻息的自卑感，由自卑而生敌意，善心被湮没了。助人是高尚的善行，但不要让被帮助的人感到在接受施舍。

一位老师给大一新生上了这样一堂课：他拿出一只装满了沙

子的大纸盒，一边展示给大家看，一边说："这些沙子里掺杂着铁屑，请问你们能不能用眼睛和手指从中间把铁屑挑出来？"

大伙儿摇着头。

老师看着疑惑的孩子们，笑笑说："我们无法用眼睛和手指从一堆沙子中间找到铁屑，就像我们很难从茫茫人海中找到我们的顾客一样。然而，有一种工具能帮助我们迅速地从沙子中间找到铁屑。大家可能都想到了，这种工具就是磁铁。"

说罢，他从包里掏出一块磁铁，把它放在沙子里面不停搅动，在磁铁的周围很快地聚集了箭镞似的铁屑。老师把那一团铁屑举给同学们看，他说："这就是磁铁的魔力，我们用手和眼睛无法办到的事，它却能够轻而易举地做得很好。"

老师说："如果说这一盒沙子就像我们面对的生活、挫折和枯燥的书本，那么，这块磁铁就是一颗充满爱的心。如果你有一颗善良的心，那么，它会在书本里、生活中寻找，从中找到许多有益身心的知识，就像磁铁能吸出铁屑一样。但一颗不懂善良的心却像你的手指，它在沙子里面找呀找，可怎么也找不到一点铁屑。同学们，只要你有一颗善良的心，你就能发现，你的每一天都有收获，每一天都有积累，每一天都有值得高兴的事情。"

心在哪里，你的命运就在哪里——不论你今后遇到怎样的困难、逆境、迷惘，都要相信这句至理名言。不论何时何地，只要有一颗善良的心，就能像磁铁一样，吸引到有用的资源、美好的事物以及幸福的生活，更会吸引影响你一生的好人缘。

后　记：改变，成为不可能的自己

叔本华曾经说过：“事物的本身并不影响人，人们只受对事物看法的影响。”对问题的看法，没有绝对的对错之分，但有积极与消极之分。消极心态者，对问题永远都会找到消极的解释，并且总能为自己找到看似合理的借口，最终得到了消极的结果；积极心态者，对困难总能找到一个恰当的突破方法，并且将方法总结成经验，最终将问题完美地解决。

每个人的潜能都是无可限量的，只看你是否让自己朝着积极的目标努力。生活中，很多人之所以平庸，就是因为他们不相信奇迹。一个连奇迹都不敢相信的人又怎能创造奇迹呢？首先，人们习惯在心底对一件事持否定态度，无形中就给自己的内心一个消极的暗示，又何来肯定的结果呢？

人生其实很短暂，每个人都想活出一个无悔的人生。你要始终坚信：一切皆有可能！只有首先相信自己，你才会创造奇迹。

如果你曾不修边幅，认为穿衣只为御寒保暖，那么你错了；如果你崇信自然美，不需化妆，那么你错了；如果你觉得人可以必过于拘礼，不必太在意小节，那么你错了！人的衣着外在打扮、举手投足不仅是一个人品位的体现，更是内在修养的折射。我们可以不漂亮，但一定要尽量让自己的形象生动起来、精致起来。

闻名全球的英国前首相撒切尔夫人，她就十分注重自身的形象，无论走到哪里都能给人一种威严大气之感。

无论是她从政期间还是退休赋闲在家，无论是什么场合，她都身着符合身份的服装，化着优雅的淡妆，并保持始终如一的坐姿。她的双腿永远都是垂直地并拢，双手总是很自然地相互交叠在一起，背部挺拔直立，上身微微前倾。她的目光总是静静地关注着对方，优雅端庄中不失威仪。

著名企业家李嘉诚先生，无论参加任何场合都身着得体而做工精良的服装，他在各种公开场合都无一例外地具有非凡的气质。每当坐下的时候，他的双手总是很自然地放到扶手上，或者是搭在膝盖上，或者是半握拳、让小臂支在桌面上，自然的动作中始终透着沉稳和大气。

如果你学会了打造自身的形象，如果你能借助于表情和身体语言传递出正面、积极的信息，你同样可以给人留下良好的第一印象。在这个世界上从来就不存在“第二印象”的说法。

那么，从现在开始，改变吧！精心打磨你的外表，让你丰富的肢体语言为你紧紧抓住赢得他人好感的黄金第一秒。

从现在开始，不要再为自己的懒惰寻找借口，你要重新塑自己的形象，让自己发生彻头彻尾的改变，成为不可能的自己。